NONGYE WENSHI QITI
HEZHENG ZIYUAN JIANPAI XIANGMU FANGFAXUE

农业温室气体
核证自愿减排项目方法学

王红玲　胡荣桂　王　海　等　编著

中国农业科学技术出版社

图书在版编目（CIP）数据

农业温室气体核证自愿减排项目方法学／王红玲等编著．--北京：中国农业科学技术出版社，2023.12
 ISBN 978-7-5116-6578-2

Ⅰ.①农… Ⅱ.①王… Ⅲ.①农业-温室效应-有害气体-节能减排-统计核算 Ⅳ.①X511

中国国家版本馆 CIP 数据核字（2023）第 225286 号

责任编辑　申　艳
责任校对　王　彦
责任印制　姜义伟　王思文

出 版 者	中国农业科学技术出版社 北京市中关村南大街 12 号　　邮编：100081
电　　话	（010）82103898（编辑室）　　（010）82106624（发行部） （010）82109709（读者服务部）
网　　址	https://castp.caas.cn
经 销 者	各地新华书店
印 刷 者	北京捷迅佳彩印刷有限公司
开　　本	170 mm×240 mm　1/16
印　　张	14.25
字　　数	248 千字
版　　次	2023 年 12 月第 1 版　2023 年 12 月第 1 次印刷
定　　价	48.00 元

◆◆◆ 版权所有·翻印必究 ◆◆◆

《农业温室气体核证自愿减排项目方法学》
编著人员

◆ 主 编 著：

王红玲　胡荣桂　王　海　张金鑫

◆ 参著人员：

陈洪建　徐祥玉　袁　珅　彭少兵　肖建军　薛　菲　黄玛兰

盛　锋　胡婉玲　张雪楠　刘彩波　黄见良　林　杉　王　砚

张驭舟　戴志刚　朱健美　柏振忠　费　扬　唐念念

前　言

气候变化是人类面临的全球性问题，世界各国以全球协约的方式减排温室气体。2020 年，中国提出了"2030 碳达峰""2060 碳中和"战略目标。这一重要宣示充分展现了中国作为负责任大国卓越的战略眼光、开阔的世界胸怀、恢宏的全球视野，彰显了中国积极应对气候变化、走绿色低碳发展道路的雄心和决心，为各国携手应对全球性挑战、共同保护好人类赖以生存的地球家园贡献了中国智慧和中国方案，受到国际社会的广泛认同和高度赞誉。

联合国政府间气候变化专门委员会（IPCC）发布的《气候变化与土地特别报告》（2019 年）指出，农业、林业和其他土地利用部门（AFOLU）温室气体排放约占温室气体排放总量的 25%，而粮食系统占 AFOLU 温室气体排放的 37%。中国作为世界农业大国，农业温室气体排放总量及减排空间巨大，农业已成为应对、缓解和适应气候变化的关键领域之一。

用市场化的方式推动我国农业碳减排碳交易，以应对全球气候变暖危机、环境污染以及粮食安全等问题，将是我国农业发展方式的重大创新。根据生态环境部、市场监管总局联合发布的《温室气体自愿减排交易管理办法（试行）》的要求，实现农业温室气体核证自愿减排项目交易还存在如下基础问题。

农业温室气体排放基础数据薄弱。以稻田甲烷排放为例，稻田甲烷排放因子取自《省级温室气体清单编制指南（试行）》（以下简称指南）。这一指南存在两大缺陷：第一，指南对稻田的甲烷排放因子仅按照华北、华东、中南、西南、东北、西北进行划分，没有与我国的 6 个稻作区和 16 个稻作亚区对应，因而无法区分不同区域、品种及不同稻作方式的排放特征；第二，碳排放因子的取值相对宽泛且固定，无法准确计量不同稻作模式的减排效果，进而影响水稻甲烷减排量进入碳市场参与交易。

农业碳减排碳交易方法学缺乏。目前已备案的中国核证自愿减排量

（CCER）方法学近200个，但与农业直接相关的方法学只有5个。中国近年来开展的作物轮作模式、农药化肥"一控两减"、稻鸭（虾）共作等复合生产系统、畜禽养殖优化技术、畜禽粪便有机肥资源利用等农业碳减排实践成效明显，但相应方法学的缺失，导致其温室气体减排量对我国完成自主减排目标所作出的贡献无法得到认可。

农业碳排放权主体小而且分散。 精准施肥是目前农业领域广泛使用的化肥减量化技术，以减少环境污染和碳排放，但据湖北大学中国农业暨典型行业碳减排碳交易研究中心开发的《通过精准施肥减少旱地氧化亚氮排放方法学》测算，精准施肥每亩地每年仅减少0.0618 t二氧化碳当量（CO_2e），按照目前CCER市场要求，把精准施肥技术开发成国家核证自愿碳减排项目的成本奇高。

湖北大学中国农业暨典型行业碳减排碳交易研究中心团队秉承"把学问写在大地上、将情怀注入热土中"，立足于祖国发展需要，多年来一直致力于低碳绿色农业发展相关的研究。从领导设计世界银行贷款"湖北安全、可持续、气候智慧型农业"示范推广项目，到主持国家自然科学基金"气候智慧型农业项目评价的实证研究——基于世界银行在中国的示范项目"、国家社会科学基金重大项目"气候智慧型农业碳减排及碳交易市场机制研究"、国家重点研发计划项目课题"典型行业碳足迹基础数据库与绩效评价体系研究"等一系列与农业温室气体减排及碳交易相关的课题。与此同时，近年来我积极建言献策，连续两年在全国两会上提出农业碳减排碳交易相关提案，得到了国家有关部门的高度重视，产生了广泛积极的影响，并推动了相关工作的实施。为了研究工作和实践的同频发展，以及更好地服务国家"双碳"战略，我和团队成员于2020年成立了湖北大学中国农业暨典型行业碳减排碳交易研究中心，旨在汇集力量、有的放矢，深入推动农业暨典型行业碳排放碳交易的研究工作。在农业温室气体减排实践领域，团队也一直在不断努力探索。截至目前，联合相关科研单位，共同向生态环境部申报CCER方法学4个，分别为《农村有机废弃物可控发酵制沼气及综合利用减少温室气体排放方法学》《在水稻种植中通过稻虾模式减少甲烷排放方法学》《在水稻生产中通过再生稻种植减少稻田甲烷排放方法学》《通过精准施肥减少旱地氧化亚氮排放方法学》。

本书包含的5个方法学是研究团队近5年来对农业田间试验的科学论证总结，同时，方法学的编写严格参照了2023年3月生态环境部发布的《温室气体自愿减排项目方法学编制大纲》的标准与规范。本书是研究团队极其重要的阶段性科研成果，希望此书的出版能够为政府部门编制国家农业温室气体核证自愿减排项目方法学提供参考，以及为相关学科建设提供理论支撑。

  本书的研究工作得到了国家社会科学基金重大项目"气候智慧型农业碳减排及碳交易市场机制研究"（19ZDA085）、国家重点研发计划项目课题"典型行业碳足迹基础数据库与绩效评价体系研究"（2021YFF0601005）、湖北省科学技术厅重点研发计划项目"稻田甲烷排放因子库构建与应用研究"（2023BCB042）和湖北省科学技术厅重点研发计划项目"农业碳减排及碳交易关键技术研究"（2021BCA156）的资助。

  由于作者水平有限，书中难免存在不足之处，敬请读者批评指正。

王红玲

2023 年 11 月

目　　录

第一篇　农业温室气体减排与碳交易概述

第二篇　农业温室气体减排方法学设计与应用

第一章　在水稻生产中通过再生稻种植减少稻田甲烷排放方法学 ········ 9
 第一节　方法学 ·· 9
 第二节　方法学应用项目案例 ······································ 29
 附录1-1　申请项目备案的企业法人联系信息 ························ 47
 附录1-2　项目实施阶段需监测的数据 ······························ 48

第二章　在水稻种植中通过稻虾模式减少甲烷排放方法学 ·············· 49
 第一节　方法学 ·· 49
 第二节　方法学应用项目案例 ······································ 66
 附录2-1　甲烷排放测定指南 ······································ 78
 附录2-2　申请项目备案的企业法人联系信息 ························ 81

第三章　农村有机废弃物可控发酵制沼气及综合利用减少温室气体排放方法学 ·· 82
 第一节　方法学 ·· 82
 第二节　方法学应用项目案例 ······································ 114
 附录3　申请项目备案的企业法人联系信息 ·························· 139

第四章　通过施加石灰减少酸性橘园土壤氧化亚氮排放方法学 ·········· 140
 第一节　方法学 ·· 140

第二节　方法学应用项目案例 …………………………… 158
　　附录 4　申请项目备案的企业法人联系信息 ……………… 172
第五章　通过精准施肥减少旱地氧化亚氮排放方法学 ………… 173
　　第一节　方法学 …………………………………………… 173
　　第二节　方法学应用项目案例 …………………………… 193
　　附录 5　申请项目备案的企业法人联系信息 ……………… 208
展　　望 …………………………………………………………… 209
参考文献 …………………………………………………………… 212

第一篇

农业温室气体减排与碳交易概述

应对气候变化是全人类共同面对的严峻挑战，中国作为"人类命运共同体"这一理念的倡导者，切实主动作出减排承诺，积极贡献了中国力量。党的十八大以来，以习近平同志为核心的党中央高度重视我国的绿色低碳发展进程。2020年9月，国家主席习近平在第七十五届联合国大会一般性辩论上郑重承诺，中国二氧化碳（CO_2）排放力争于2030年前达到峰值，努力争取2060年前实现碳中和。"碳达峰""碳中和"（以下简称"双碳"）目标的提出凸显了中国对绿色低碳发展的坚定信心和坚强意志。在实现"双碳"目标的进程中，可以预计农业低碳发展将面临更多挑战。农业温室气体减排方法学的缺失和不科学是导致农业碳交易进展缓慢的关键和首要原因。农业温室气体减排与碳交易方法学作为核算农业碳减排量的基本手段和方法，对于推动农业碳计量、核查、报告以及交易具有重要意义。

全球碳排放权交易市场根据其是否具有强制性，可分为强制性（或称履约型）碳排放权交易市场和自愿性碳信用交易市场。强制性碳排放权交易市场是目前国际上运用最为普遍的碳交易市场，为《京都议定书》中强制规定温室气体排放标准的国家或企业有效提供碳排放权交易平台，通过市场交易实现减排，其中较为典型或影响力较大的有欧盟排放交易体系（European Union Emissions Trading System，EU ETS）、美国区域温室气体减排行动（Regional Greenhouse Gas Initiative，RGGI）、美国加州总量控制与交易体系（California Cap & Trade）等。自愿性碳信用交易市场参与方包括履行社会责任、强化品牌建设、扩大社会效益等非履约目标的企业和具有社会责任感的个人。他们为抵消个人碳排放、实现碳中和生活，主动减排并参与碳交易。自愿碳减排实际上是一种碳抵消机制，其高效运行的基础正是碳减排方法学。

目前，能够实现农业碳减排量交易的机制包括《京都议定书》下的清洁发展机制（Clean Development Mechanism，CDM），独立性第三方抵消机制如自愿碳减排核证（Verified Carbon Standard，VCS）、黄金标准（Gold Standard，GS）等，以及中国核证自愿减排量（China Certified Emission Reduction，CCER）。

CDM项目产生的减排量称为经核证的减排量（Certified Emission Reduction，CER）。CER是《京都议定书》下CDM项目产生的核证减排量。CDM项目的开发国是发展中国家，由发达国家向发展中国家提供资金和技术，支持发展中国家的减排项目建设，再通过联合国执行理事会（EB）核查证实减排量，最后由发达国家购买CER抵消本国的碳排放，实现双方互利共赢。

CDM 的目的是促进发展中国家实现可持续发展，并协助发达国家缔约方完成《京都议定书》为其规定的限制和减少温室气体排放的目标。CDM 也是《京都议定书》中唯一涉及发展中国家的一种机制，是一种"双赢"机制。一方面，发展中国家通过合作可以获得有利于可持续发展的先进技术以及紧缺的资金。另一方面，通过这种合作，发达国家可以大幅降低其在国内实现减排所需的高昂费用，加快减缓全球气候变化的行动步伐。

VCS 由气候组织、国际排放交易协会、世界可持续发展商业委员会和世界经济论坛联合建立，其创建目的是为自愿减排项目提供认证和信用签发服务，目前参与国家数量达 80 个，所签发的碳信用可用于哥伦比亚碳税、国际航空碳抵消和减排计划（CORSIA）、南非碳税等机制。到 2020 年，全球已注册 VCS 项目 1 711 个，其中已签发项目 1 306 个，已签发碳信用 6.94 亿 t 二氧化碳当量（CO_2e），到期或注销的碳信用 3.59 亿 t CO_2e，其中农林项目 205 个，占已注册 VCS 项目总数的 12%，农林 VCS 注册备案项目主要分布在中国、巴西、哥伦比亚、印度等国家和地区，前 5 个地区占 50.7%。中国已成功注册备案 29 个林业碳汇 VCS 项目，位居第一。

国际上独立性碳抵消机制一般是针对组织或个人自愿抵消而建立的，但有些也被用于各类强制机制的履约，定价处于自愿碳市场和强制履约碳市场之间。在各大自愿碳市场中，签发项目数量和签发碳信用总额排名第二的是 GS。GS 由世界自然基金会（WWF）、国际太阳组织（HELIO International）等发起，成立于 2003 年。GS 评估过程较为严格，其签发的碳信用一般用于自愿抵消，同时哥伦比亚碳税机制、CORSIA、南非碳税也认可 GS 的使用。当前 GS 中大部分碳信用来源于可再生能源和炉灶燃料转换项目，同时已要求申请项目不得来自中高及高等收入国家。截至 2021 年 6 月底，GS 机制中林业碳汇项目不多，状态为认证设计（Certified Design）以及认证项目（Certified Project）的林业碳汇项目有 21 个，项目个数占比 1.42%。其中，中国有 3 个林业碳汇 GS 项目已成功备案（状态为认证设计）。GS 机制下的交易活跃度较低，成交均价基本稳定在 12~16 美元/t。截至 2021 年 6 月底，累计签发了 1.78 亿 t CO_2e，到期或注销的减排量有 0.88 亿 t CO_2e。签发的减排量中，核证减排量（CER）为 2 872.63 万 t，自愿减排量（VER）为 14 571.39 万 t。根据益可环境（EcoSecurities）在 2020 年 4 月至 2021 年 5 月期间的 VER 交易量数据统计，累计交易量为 10.10 万 t，月均交易量 7 213.86 t，活跃度较低；在价格方面，交易均价为 14.10 美元/t，均价基本稳定在 12~16 美元/t。

2020 年 12 月生态环境部发布的《碳排放权交易管理办法（试行）》

指出，CCER 是指对我国境内可再生能源、林业碳汇、甲烷（CH_4）利用等项目的温室气体减排效果进行量化核证，并在国家温室气体自愿减排交易注册登记系统中登记的温室气体减排量。作为碳配额交易的补充，在碳配额市场之外引入自愿减排市场交易，即 CCER 交易。CCER 交易指控排企业向实施碳抵消活动的企业购买可用于抵消自身碳排放的核证量。碳抵消是指通过减少温室气体排放源或增加温室气体吸收汇，来补偿或抵消其他排放源产生温室气体排放的活动，即控排企业的碳排放可用非控排企业使用清洁能源减少的温室气体排放或增加的碳汇来抵消。抵消信用通过特定减排项目的实施得到减排量后进行签发，项目包括可再生能源项目、森林碳汇项目等。通常，碳市场按照 1∶1 的比例给予 CCER 替代碳排放配额，即 1 个 CCER 等同于 1 个配额，可以抵消 1 t CO_2e 的排放量。《碳排放权交易管理办法（试行）》规定，重点排放单位每年可以使用国家核证自愿减排量抵消碳排放配额的清缴，抵消比例不得超过应清缴碳排放配额的 5%～10%。

目前，已备案的 CCER 方法学共计 12 批 200 个，可用于开发常规项目、小项目和大型项目，涉及可再生能源利用、天然气利用、公共交通、建筑、碳汇造林、固体废弃物处理、CH_4 利用、生物质利用、农业等十几个行业领域。但是，在已备案的 200 个方法学清单中农业类的 CCER 方法学较少，主要集中在林业、畜牧业、生物质等领域。与农业直接相关的方法学只有 5 个。在地方碳市场实践中，福建林业碳汇抵消机制（FFCER）、广东碳普惠抵消信用机制（PHCER）、北京林业碳汇抵消机制（BCER）取得了较好的成效，其丰富的经验以及成熟的做法值得学习和借鉴。

第二篇

农业温室气体减排方法学设计与应用

第一章
在水稻生产中通过再生稻种植减少稻田甲烷排放方法学

第一节 方法学

一、引言

面对粮食供给紧缺、资源匮乏和全球气候变化等多重压力，创新水稻种植模式，在确保水稻丰产的同时，实现稻田 CH_4 减排是保障国家粮食安全和推动生态文明建设的重要途径。再生稻是指在头季稻收获后，采用一定的栽培管理措施，使头季水稻收割后稻桩上的休眠芽萌发生长成穗而再收获一季的水稻种植模式。再生稻是有效利用耕地和光温资源、增加复种指数、提高水稻总产量的重要途径。2023 年中央一号文件提出，鼓励有条件的地方发展再生稻。然而，再生稻的发展也面临着一些制约因素，比如技术到位率不高、产业化程度低等。因此，有必要进一步增加资金和项目支持，提高再生稻产业化水平，促进再生稻绿色低碳可持续发展。

在这一背景下，根据《温室气体自愿减排交易管理暂行办法》（国家发展和改革委员会，2012）的有关规定，为减少在水稻种植过程中稻田的 CH_4 排放，规范国内再生稻种植的 CH_4 减排项目的设计、减排量的核算与监测工作，确保再生稻种植过程中项目所产生的 CCER 达到可测量、可报告、可核查的要求，湖北大学中国农业暨典型行业碳减排碳交易研究中心牵头编制《在水稻生产中通过再生稻种植减少稻田甲烷排放方法学》。本方法学是新方法学，所属领域为农业，在 CDM、GS 和 VCS 批准的或审议中的方法学中没有再生稻种植类别的方法学。

本方法学适用于温室气体自愿减排交易体系下的再生稻种植项目，以降低 CH_4 排放为主要目的，对 CH_4 减排进行计量与监测。该方法学的基准线情景为当地常规耕作的双季稻，而项目活动为再生稻，且与基准线情景相比不降低周年水稻产量。如果该再生稻减排项目的年减排量小于 2 万 t CO_2e，则可以免除额外性论证。但若该项目的年减排量为 2 万~6 万 t CO_2e，项目参与方需论证项目活动是不是普遍性实践。该项目活动如果被论证为不是普遍性实践，则被认定在其计入期内具有额外性；该项目活动如果被论证为是普遍性实践，则需提供说明以证明该项目存在障碍导致项目无法开展实施，从而被认定在其计入期内具有额外性。综上所述，《在水稻生产中通过再生稻种植减少稻田甲烷排放方法学》是一种新方法学，适用于农业领域中再生稻种植的 CH_4 减排计量与监测，对于确保再生稻种植过程中产生的减排量达到可测量、可报告、可核查的要求具有重要意义。因此，该方法学的开发为我国再生稻种植 CH_4 减排项目提供了重要支持，对于促进再生稻可持续发展、推动农业农村温室气体减排、实现我国的"碳达峰""碳中和"战略目标具有重要意义。

二、适用条件

本方法学适用于温室气体自愿减排交易体系下以降低 CH_4 排放为主要目的的再生稻种植 CH_4 减排的计量与监测。使用本方法学通过再生稻种植减少稻田 CH_4 排放的项目活动必须满足以下条件：

①开展项目活动的农田权属清晰，具有县级以上人民政府核发的土地权属证书；

②项目活动不违反任何国家有关法律、法规和政策措施；

③基准线情景下土地利用方式为双季稻；

④项目参与方应有能力如实监测和记录项目实施阶段需监测的参数；

⑤项目年减排总量应该小于或等于 6 万 t CO_2e。

此外，使用本方法学时，还需满足有关步骤中的其他相关适用条件。

三、引用文件

本方法学遵循下列规范性文件的规定：

①《土地利用、土地利用变化和林业优良做法指南》（IPCC，2003）；

②《温室气体自愿减排交易管理暂行办法》（国家发展和改革委员会，2012）；

③《再生稻高产栽培技术规程》（江西省市场监督管理局，2018）；

④《机收再生稻高产栽培技术规程》（华中农业大学，2016）。

四、术语与定义

再生稻：指利用水稻品种的再生特性，在收获一季水稻（头季）后，采取一定的栽培管理措施，促使头季稻桩上的休眠芽萌发，进而抽穗、开花、结实，再收获一季水稻（再生季）的种植模式，包括头季和再生季。

双季稻：指在南方温光资源充足的稻作区进行传统移栽的双季稻生产，实现一年之内水稻两次种植两次收获的种植模式，包括早季和晚季。

基准线情景：指在没有再生稻项目活动时，最能合理地代表项目（边界内土地利用和管理）的情景。

项目情景：指拟议的再生稻项目活动下的（土地利用和管理）的情景。

泄漏：指由拟议的再生稻项目活动引起的、发生在项目边界之外的、可测量的温室气体源排放的增加量。

额外性：指项目情景碳排放量低于基准线情景碳排放量，这种减少的排放量在没有拟议的再生稻项目活动时是不会减少的。

计入期：指项目活动相对于基准线情景产生额外的温室气体减排量的时间区间，计入期不应超过项目活动的寿命期限。

五、项目边界及排放源（汇或库）

项目边界：指项目参与方实施再生稻种植的活动地理范围。一个项目活动可在若干个不同的地块上进行，但每个地块应有特定的地理边界。

项目地理边界包括水稻种植模式发生变化的稻田。项目边界的空间范围包括项目活动下种植方法发生变化的所有稻田。边界可采用下述方法进行确定：预先根据公开的卫星地形图，或者采用全球定位系统（GPS）、北斗卫星导航系统（COMPASS）或其他卫星系统直接将确定开展项目活动的所有地块的拐点坐标。

排放源：基准线情景和项目活动包括的温室气体排放源见表1-1。

表 1-1 基准线情景和项目活动包括的温室气体排放源

类别	排放源	温室气体种类	是否包括	理由/解释
基准线情景	早季和晚季两季稻田直接排放	CH_4	是	项目排放源
		CO_2	否	本方法学不包括 CH_4 以外的排放
		N_2O	否	本方法学不包括 CH_4 以外的排放
	农机、化石燃料消耗	$CH_4/CO_2/N_2O$	否	与基准线情景相比,项目活动再生稻再生季省去了机械整地、播种和移栽环节,肥料、农药等农业生产资料,投入低。因此,再生稻农机、化石燃料消耗产生的温室气体排放低于双季稻。不包括基准线情景中的该类排放,属于项目减排保守估计
项目活动	头季和再生季两季稻田直接排放	CH_4	是	项目排放源
		CO_2	否	本方法学不包括 CH_4 以外的排放
		N_2O	否	本方法学不包括 CH_4 以外的排放
	农机、化石燃料消耗	$CH_4/CO_2/N_2O$	否	与基准线情景相比,项目活动再生稻再生季省去了机械整地、播种和移栽环节,肥料、农药等农业生产资料,投入低。因此,再生稻农机、化石燃料消耗产生的温室气体排放低于双季稻。不包括项目情景中的该类排放,属于项目减排保守估计

六、减排量核算方法学

(一) 基准线情景识别

基准线情景是指种植双季稻的稻田产生的 CH_4 排放。在识别程序上,首先收集基准线相关资料,如在同一块稻田里,早季和晚季分别的移栽日期、收获日期和水稻产量,然后分析是否满足基准线条件(即对照基准线适用条件)。

对于能提供同等服务或产品的所有可行替代方案,在采用移栽方式种植双季稻的双季稻区,双季稻双直播可作为替代方案。

(二) 额外性论证

年减排量小于 2 万 tCO_2e 的再生稻减排项目可以免除额外性论证。

本项目年减排量为 2 万~6 万 tCO_2e,按照方法学的要求,项目参与方需论证项目活动是不是普遍性实践。项目活动一旦被论证不是普遍性实践,即被认定在其计入期内具有额外性。

项目活动不是普遍性实践的情形：

①项目参与方能证明拟议项目活动与项目区域普遍实施的耕作方式具有本质的差异；

②项目参与方可以提供证明文件，证明当地实施的再生稻种植是政府支持的示范项目、国际援助项目等，而拟议项目不具备这些条件。

项目活动是普遍性实践的情形：项目参与方需提供相关说明，项目存在下列障碍之一，将导致拟议项目活动无法开展实施，因而具备额外性。

（1）资金障碍。如缺少财政补贴或非商业性投资、没有来自国内国际的民间资本、不能进行融资、缺少信贷的途径等。

（2）技术障碍。如缺乏再生稻的生产技术、缺乏训练有素的生产人员和技术人员使用和维护新技术。

（3）其他障碍。如信息障碍、机制/体制障碍、组织/管理能力障碍等导致的较高的项目活动温室气体排放。

(三) 基准线排放计算

基准线排放是在没有项目活动的情况下，种植双季稻的稻田产生的 CH_4 排放。稻田 CH_4 排放可以通过排放因子法、实测法、模型法和卫星遥感监测法等多种方法测定，本方法学采用模型法测定基准线排放，计算方法为：

$$BE_y = BE_{ES,y} + BE_{LS,y} \quad (1-1)$$

$$BE_{ES,y} = \sum EF_{ES,y} \times AD_{ES,y} \times 10^{-3} \times GWP_{CH_4} \quad (1-2)$$

$$BE_{LS,y} = \sum EF_{LS,y} \times AD_{LS,y} \times 10^{-3} \times GWP_{CH_4} \quad (1-3)$$

其中：

BE_y——在 y 年基准线情景下温室气体排放总量，t CO_2e；

$BE_{ES,y}$——在 y 年基准线情景下早季温室气体排放量，t CO_2e；

$BE_{LS,y}$——在 y 年基准线情景下晚季温室气体排放量，t CO_2e；

$EF_{ES,y}$——在 y 年基准线情景下早季稻田 CH_4 排放因子，kg CH_4/hm^2；

$EF_{LS,y}$——在 y 年基准线情景下晚季稻田 CH_4 排放因子，kg CH_4/hm^2；

$AD_{ES,y}$——在 y 年基准线情景下早季种植面积，hm^2；

$AD_{LS,y}$——在 y 年基准线情景下晚季种植面积，hm^2；

GWP_{CH_4}——CH_4 的全球变暖潜势。

基准线情景下双季稻早季和晚季的 CH_4 排放因子（$EF_{ES,y}$ 和 $EF_{LS,y}$）可用模型 CH4MOD 来计算。模型 CH4MOD 是《IPCC 2006 年国家温室气体清单指南》（IPCC，2006）推荐的方法3，也被用于中国初始和第二次国家信息通报的中国稻田 CH_4 排放编制。双季稻早季和晚季的具体 CH_4 排放因子（$EF_{ES,y}$ 和 $EF_{LS,y}$）来源于国家发展和改革委员会应对气候变化司组织编制的《省级温室气体清单编制指南（试行）》。

（四）项目排放计算

项目排放是在有项目活动的情况下，种植再生稻的稻田产生的 CH_4 排放。稻田 CH_4 排放可以通过排放因子法、实测法、模型法和卫星遥感监测法等多种方法测定，本方法学采用模型法测定项目排放，计算方法为：

$$PE_y = PE_{MS,y} + PE_{RS,y} \quad (1-4)$$

$$PE_{MS,y} = \sum EF_{MS,y} \times AD_{MS,y} \times 10^{-3} \times GWP_{CH_4} \quad (1-5)$$

$$PE_{RS,y} = \sum EF_{RS,y} \times AD_{RS,y} \times 10^{-3} \times GWP_{CH_4} \quad (1-6)$$

其中：

PE_y——在 y 年项目活动下温室气体排放总量，$t\ CO_2e$；

$PE_{MS,y}$——在 y 年项目活动下头季温室气体排放量，$t\ CO_2e$；

$PE_{RS,y}$——在 y 年项目活动下再生季温室气体排放量，$t\ CO_2e$；

$EF_{MS,y}$——在 y 年项目活动下头季稻田 CH_4 排放因子，$kg\ CH_4/hm^2$；

$EF_{RS,y}$——在 y 年项目活动下再生季稻田 CH_4 排放因子，$kg\ CH_4/hm^2$；

$AD_{MS,y}$——在 y 年项目活动下头季种植面积，hm^2；

$AD_{RS,y}$——在 y 年项目活动下再生季种植面积，hm^2；

GWP_{CH_4}——CH_4 的全球变暖潜势。

项目活动下再生稻头季和再生季的 CH_4 排放因子（$EF_{MS,y}$ 和 $EF_{RS,y}$）可用模型 CH4MOD 来计算。根据 CH4MOD 模型估算稻田 CH_4 排放，所需要的活动水平数据及其相关数据包括：逐日平均气温、产量、秸秆还田量、农家肥施用量、播种日期或移栽日期（移栽稻）、收获日期、土壤类型、土壤含砂量以及灌溉模式。

（五）项目泄漏计算

本方法学不考虑项目活动对项目边界外温室气体排放的影响。相比于基准线情景，项目活动再生稻周年氮肥用量降低，会降低 N_2O 排放。因此，本方法学不包括 N_2O 排放属于减排保守估计。另外，与基准线情景相比，项目活动再生稻种植也不会影响 CO_2 排放。关于间接排放，与基准线情景相比，项目活动再生稻再生季省去了机械整地、播种和移栽环节，肥料、农药等农业生产资料投入低。因此，再生稻农机、化石燃料消耗产生的温室气体排放低于双季稻。不包括该类排放，属于项目减排保守估计。

（六）项目减排量核算

项目减排量等于基准线情景排放与项目活动的排放量的差值，利用公式（1-7）计算：

$$ER_y = BE_y - PE_y \tag{1-7}$$

其中：

ER_y——在 y 年的温室气体减排量，$t\ CO_2e$；

BE_y——在 y 年基准线情景下温室气体排放总量，$t\ CO_2e$；

PE_y——在 y 年项目活动下温室气体排放总量，$t\ CO_2e$。

七、监测方法学

（一）项目设计阶段确定的参数和数据

项目设计阶段确定的参数和数据见表1-2。

表1-2 项目设计阶段确定的参数和数据

数据/参数名称	早季稻田 CH_4 排放因子（$EF_{ES,y}$）
应用的公式编号	(1-2)
数据描述	双季稻早季稻田 CH_4 排放因子
数据单位	$kg\ CH_4/hm^2$
数据来源	《省级温室气体清单编制指南（试行）》
数据选用的合理性	国家发展和改革委员会编制的《省级温室气体清单编制指南（试行）》是权威的数据来源，而且该数据由模型CH4MOD计算得出
数值（如有）	华东地区（上海、江苏、浙江、安徽、福建、江西、山东）：211.4；中南地区（河南、湖北、湖南、广东、广西、海南）：241.0；西南地区（重庆、四川、贵州、云南）：156.2
数据用途	用于计算基准线情景双季稻早季 CH_4 排放
备注	—
数据/参数名称	晚季稻田 CH_4 排放因子（$EF_{LS,y}$）
应用的公式编号	(1-3)
数据描述	双季稻晚季稻田 CH_4 排放因子
数据单位	$kg\ CH_4/hm^2$
数据来源	《省级温室气体清单编制指南（试行）》

(续表)

数据选用的合理性	国家发展和改革委员会编制的《省级温室气体清单编制指南（试行）》是权威的数据来源，而且该数据由模型 CH4MOD 计算得出
数值（如有）	华东地区（上海、江苏、浙江、安徽、福建、江西、山东）：224.0；中南地区（河南、湖北、湖南、广东、广西、海南）：273.3；西南地区（重庆、四川、贵州、云南）：171.7
数据用途	用于计算基准线情景双季稻晚季 CH_4 排放
备注	—
数据/参数名称	**CH_4 的全球变暖潜势（GWP_{CH_4}）**
应用的公式编号	(1-2)、(1-3)、(1-5)、(1-6)
数据描述	CH_4 的全球变暖潜势
数据单位	—
数据来源	《IPCC 2021 年 IPCC 第六次评估报告》
数据选用的合理性	《IPCC 2021 年 IPCC 第六次评估报告》是权威的数据来源
数值（如有）	27
数据用途	将 CH_4 转换成二氧化碳当量
备注	—

（二）项目实施阶段需监测的参数和数据

为确定项目活动下的稻田 CH_4 排放，必须为项目中所有稻田地块建立稻田管理记录手册，监测参数和数据见表1-3。

表1-3 项目实施阶段需监测的参数和数据

数据/参数名称	水稻种植面积
应用的公式编号	(1-5)、(1-6)
数据描述	再生稻头季、再生季的每季水稻种植面积
数据单位	hm^2
数据来源	项目参与方报告
监测点要求	—
监测仪表要求	—
监测程序与方法要求	根据县级以上人民政府核发的土地权属证书统计核算面积
监测频次与记录要求	每年更新，分季记录

(续表)

质量保证/质量控制程序要求	可通过卫星遥感手段复核
数据用途	用于计算项目活动再生稻头季和再生季的CH_4排放
备注	—
数据/参数名称	**逐日平均气温**
应用的公式编号	—
数据描述	水稻生长期内逐日平均气温
数据单位	℃
数据来源	各地气象部门的常规气象观测数据
监测点要求	气象部门的常规气象观测站
监测仪表要求	满足气象部门的常规气象观测仪表要求
监测程序与方法要求	遵循气象部门的常规气象观测程序和要求
监测频次与记录要求	逐日数据
质量保证/质量控制程序要求	可通过公开的网格数据进行质量控制
数据用途	用于CH4MOD模型估算再生稻头季和再生季CH_4排放因子
备注	—
数据/参数名称	**产量**
应用的公式编号	—
数据描述	再生稻头季、再生季每季单位面积水稻产量
数据单位	t/hm^2
数据来源	项目参与方报告
监测点要求	—
监测仪表要求	—
监测程序与方法要求	根据水稻收获面积和总产量计算
监测频次与记录要求	每年更新,分季记录
质量保证/质量控制程序要求	可通过卫星遥感手段复核
数据用途	用于CH4MOD模型估算再生稻头季和再生季CH_4排放因子
备注	—
数据/参数名称	**秸秆还田量**
应用的公式编号	—
数据描述	再生稻头季、再生季每季秸秆还田量
数据单位	t/hm^2

（续表）

数据来源	项目参与方报告
监测点要求	—
监测仪表要求	—
监测程序与方法要求	根据水稻产量和秸秆还田率计算
监测频次与记录要求	每年更新，分季记录
质量保证/质量控制程序要求	可通过卫星遥感手段复核
数据用途	用于 CH4MOD 模型估算再生稻头季和再生季 CH_4 排放因子
备注	—
数据/参数名称	**农家肥施用量**
应用的公式编号	—
数据描述	再生稻头季、再生季每季农家肥用量
数据单位	t/hm^2
数据来源	项目参与方报告
监测点要求	—
监测仪表要求	—
监测程序与方法要求	根据农家肥实际施用量报告
监测频次与记录要求	每年更新，分季记录
质量保证/质量控制程序要求	由项目参与方提供书面记录
数据用途	用于 CH4MOD 模型估算再生稻头季和再生季 CH_4 排放因子
备注	—
数据/参数名称	**播种日期或移栽日期（移栽稻）**
应用的公式编号	—
数据描述	再生稻头季的播种日期或者移栽日期（移栽稻）
数据单位	—
数据来源	项目参与方报告
监测点要求	—
监测仪表要求	—
监测程序与方法要求	根据实际移栽日期报告
监测频次与记录要求	每年更新，分季记录
质量保证/质量控制程序要求	可通过卫星遥感手段复核
数据用途	用于 CH4MOD 模型估算再生稻头季和再生季 CH_4 排放因子

(续表)

备注	可作为克服技术障碍的证明
数据/参数名称	**收获日期**
应用的公式编号	—
数据描述	再生稻头季、再生季的收获日期
数据单位	—
数据来源	项目参与方报告
监测点要求	—
监测仪表要求	—
监测程序与方法要求	根据实际收获日期报告
监测频次与记录要求	每年更新,分季记录
质量保证/质量控制程序要求	可通过卫星遥感手段复核
数据用途	用于 CH4MOD 模型估算再生稻头季和再生季 CH_4 排放因子
备注	可作为克服技术障碍的证明
数据/参数名称	**土壤类型**
应用的公式编号	—
数据描述	种植再生稻的稻田的土壤类型
数据单位	—
数据来源	项目参与方报告
监测点要求	—
监测仪表要求	—
监测程序与方法要求	满足土壤类型测定要求
监测频次与记录要求	每年更新,分季记录
质量保证/质量控制程序要求	可通过全球网格数据验证
数据用途	用于 CH4MOD 模型估算再生稻头季和再生季 CH_4 排放因子
备注	—
数据/参数名称	**土壤含砂量**
应用的公式编号	—
数据描述	种植再生稻的稻田的土壤含砂量
数据单位	%
数据来源	项目参与方报告
监测点要求	—

（续表）

监测仪表要求	—
监测程序与方法要求	满足土壤含砂量测定要求
监测频次与记录要求	每年更新，分季记录
质量保证/质量控制程序要求	可通过全球网格数据验证
数据用途	用于 CH4MOD 模型估算再生稻头季和再生季 CH_4 排放因子
备注	—
数据/参数名称	**灌溉模式**
应用的公式编号	—
数据描述	再生稻头季、再生季的灌水时间以及每次灌水深度
数据单位	—
数据来源	项目参与方报告
监测点要求	—
监测仪表要求	—
监测程序与方法要求	根据实际灌水时间以及每次灌水深度报告
监测频次与记录要求	每年更新，分季记录
质量保证/质量控制程序要求	可通过卫星遥感手段复核
数据用途	用于 CH4MOD 模型估算再生稻头季和再生季 CH_4 排放因子
备注	可作为克服技术障碍的证明

(三) 项目实施及监测的数据管理要求

项目参与方要保证项目稻田的管理方式能保守地反映项目稻田的 CH_4 排放，用以确保只计量真正遵循项目管理措施稻田的减排量。

报告和核查应基于抽样和农户的管理措施记录簿，应遵循最新版本的《CDM 项目活动和规划类项目活动的取样和调查标准》。

项目参与方应该按照数据监测模板（附表 1-2），如实记录能明确识别参与项目的稻田信息，包括农户的住址、姓名和联系方式，每季的水稻产量、秸秆还田量、农家肥施用量、播种日期或移栽日期（移栽稻）、收获日期、土壤类型、土壤含砂量以及灌溉模式。

八、项目审定与核查要点

(一) 审定要点

1. 项目资格审定条件

"在水稻生产中通过再生稻种植减少稻田甲烷排放"项目须在20××年××月××日之后开工建设,并满足《温室气体自愿减排项目审定与核证指南》中关于项目资格审定的四项规定之一。审定机构应基于审定委托方所提出的项目没有在联合国CDM之外的其他国际国内减排机制注册的声明进行审查说明。

2. 项目设计文件

项目设计文件的编写应依据从国家主管机构网站上获取的最新格式和填写指南。审定机构应对提交的项目设计文件的格式和完整性进行审定,包括核验土地权属证书、项目参与方数据监测能力。

3. 项目描述

项目设计文件应清楚地描述项目活动,包括项目活动与事前情形的差别、项目设计寿命、计入期开始的时间等。

审定机构应通过现场访问的方式对项目设计文件的完整性和准确性进行审查,确认其符合《温室气体自愿减排项目审定与核证指南》中对清晰性的要求,文件中规定的其他和特殊情况除外。

4. 方法学选择

审定机构应审查项目设计文件中方法学选择部分的论证过程,确认方法学的适用条件得到满足且项目活动不产生方法学包含范围外的减排量。如不能确认应按《温室气体自愿减排项目审定与核证指南》中相应规则处理,并暂停审定工作。

5. 项目边界

审定机构可根据现场观察和文件评审来确定项目边界选择是否合理,包括项目活动所涉及的物理设施、排放源及产生的温室气体。如识别出由项目活动引起的超过预期年减排量的1%,但未在方法学中说明的排放源,可启动方法学的澄清、修订或偏移。

本方法学项目边界指的是项目参与方实施再生稻种植的活动地理范围。因此,重点核验项目参与方种植再生稻的稻田分布和稻田面积。

6. 基准线识别

审定机构应根据《温室气体自愿减排项目审定与核证指南》要求,考虑所有合理替代方案并通过其他可靠信息源对基准线情景进行交叉核对。

本方法学中的基准线情景为项目开展区域的双季稻。

7. 额外性

审定机构应依据方法学类型区分额外性论证要求。需要进行额外性论证的应根据《温室气体自愿减排项目审定与核证指南》要求对额外性进行审定。主要考察项目是否事先考虑减排机制带来的效益；项目可以从投资分析和障碍分析之间选定一个角度进行额外性论证，大型项目还需要进行普遍性实践分析。

审定机构应对项目的开始时间、减排机制带来的效益在投资决策中如何起作用及项目如何持续寻求减排机制的支持进行审定。

对通过投资分析论证额外性的项目，应通过会计和行业专业知识等证明拟议项目活动不是在经济或财务上最有吸引力的替代情景或在没有减排收益的情况下在经济上或财务上是不可行的。

对于障碍分析，审定机构应确定该障碍是真实可信的，并确定障碍是否阻止项目活动的实施但是并不会阻止至少一种可能的替代方案的实施。

对于普遍性实践分析，审定机构应确定地理范围的选择是合理的，确定除拟议项目活动之外，类似活动在多大程度上在设定的地理范围内已经实施。

本方法学所涉及的年减排量小于 2 万 t CO_2e 的再生稻减排项目可以免除额外性论证；若年减排量为 2 万~6 万 t CO_2e，项目参与方需按照本方法学所载额外性论证程序论证项目活动是不是普遍性实践。

8. 减排量计算

审定机构应按照《温室气体自愿减排项目审定与核证指南》相关要求对减排量计算过程中的数据来源的可靠性、参数选取的准确性和计算的规范性进行审查。

应核实计算公式中所使用的数据和参数的选择是正确的；如果事先确定的数据和参数在项目活动的整个计入期内不变，应评估计入期数据与假设是否适宜、计算正确、适用于项目活动并能保守计算减排量；数据与参数在项目活动实施过程中需要监测，则应确认事先的估计是合理的。

用于使用 CH4MOD 模型估算再生稻头季和再生季 CH_4 排放因子的数据包括：逐日平均气温、产量、秸秆还田量、农家肥施用量、播种日期或移栽日期（移栽稻）、收获日期、土壤类型、土壤含砂量以及灌溉模式。同时，核定每年再生稻头季和再生季种植面积，计算排放量和减排量。

9. 监测计划

审定机构应按照《温室气体自愿减排项目审定与核证指南》中的五项要求对项目设计文件中的监测计划进行审查。

审定机构应确认监测计划满足以下要求：

①符合所选择方法学的要求；

②清晰地描述方法学规定的所有必需的参数；

③监测方式符合方法学的要求；

④监测计划的设计具有可操作性；

⑤数据管理、质量保证和控制程序足以保证项目活动产生的减排量能事后报告并且是可核证的。

在监测参数方面，对项目参与方报告的每季水稻种植面积、水稻产量、秸秆还田量、农家肥施用量、播种日期或移栽日期（移栽稻）、收获日期、土壤类型、土壤含砂量以及灌溉模式（表1-4）进行审查。

表1-4 监测计划符合性审查

是否如实监测并记录监测项目：		
监测项目	头季	再生季
水稻产量（t/hm²）		
秸秆还田量（t/hm²）		
农家肥施用量（t/hm²）		
播种日期或移栽日期（移栽稻）		—
收获日期		
土壤类型		
土壤含砂量（%）		
灌溉模式［灌水时间及深度（cm）］		

（二）核证要求

核证要求分为减排量的核证要求和项目备案后变更的审定要求。

1. 减排量核证要求

（1）减排量唯一性。核证机构确认减排量未通过其他机制签发。

（2）项目实施与设计文件的符合性。核证机构现场访问确认项目实施符合设计文件，识别变更并确认项目实施符合方法学。

（3）监测计划与方法学的符合性。核证机构确认监测计划符合方法学，如不符合则在核证报告以附件形式附上监测计划修订申请。

核验项目参与方数据监测记录的完整性，需要监测的数据包括：头季和再生季水稻种植面积、水稻产量、秸秆还田量、农家肥施用量、播种日期或移栽日期（移栽稻）、收获日期、土壤类型、土壤含砂量以及灌溉模式。

（4）监测与监测计划的符合性。核证机构应确认项目监测活动符合监测计划，包括参数监测、设备维护与校准、记录频次、质量控制程序的实施等。

核验项目业主是否按照附表 1-2 要求，记录头季和再生季需要监测的数据。

（5）校准频次的符合性。如监测方法学或监测计划中有相应要求，核证机构应确认项目业主按计划对监测设备进行校准。

（6）减排量计算结果的合理性。核证机构应按方法学及备案的项目设计文件对减排量计算过程中使用的所有参数、数据以及减排量计算结果进行核证。核证过程应符合《温室气体自愿减排项目审定与核证指南》的相关规范。

核验项目参与方是否按照项目活动数据监测要求提供了用于 CH4MOD 模型估算再生稻头季和再生季 CH_4 排放因子的数据，如头季和再生季种植面积数据等。按照方法学所述程序计算排放量和减排量。

2. 项目备案后变更审定要求

（1）监测计划或方法学临时偏移。核证机构应确认偏移发生的确切日期及影响，要求项目业主保守处理。

（2）项目信息或参数纠正。核证机构应确认业主对信息或数据的纠正行为反映项目实际并符合方法学及监测计划。

（3）计入期开始时间变更。核证机构应确认变更的时间点处于更保守的基准线上。

（4）监测计划或方法学永久性变更。核证机构应按照《温室气体自愿减排项目审定与核证指南》的要求对监测计划或方法学永久性变更对项目的影响进行评估，以保守性原则要求业主开展相关调整。

（5）项目设计变更。核证机构应现场访问确认该变更不会导致规模、额外性、方法学适用性、监测及监测计划的一致性的变化，否则出具负面审定意见。

九、方法学编制说明

(一) 牵头编制单位、联系人及联系方式

牵头单位：湖北大学中国农业暨典型行业碳减排碳交易研究中心。

联系人：张金鑫。

联系方式：zhangjinxin999@foxmail.com。

(二) 主要编写人员

本方法学的主要编写人员见表1-5。

表1-5 主要编写人员

序号	人员姓名	单位名称	专业	职称
1	王红玲	湖北大学中国农业暨典型行业碳减排碳交易研究中心	农业碳减排与碳交易	教授
2	袁珅	华中农业大学作物遗传改良全国重点实验室	水稻绿色高产高效与可持续发展	教授
3	彭少兵	华中农业大学作物遗传改良全国重点实验室	水稻高产生理与再生稻产业化	教授
4	黄见良	华中农业大学作物遗传改良全国重点实验室	水稻高产理论实践与技术	教授
5	张金鑫	湖北大学中国农业暨典型行业碳减排碳交易研究中心	人口、资源与环境经济学	研究员
6	陈洪建	湖北大学中国农业暨典型行业碳减排碳交易研究中心	农业绿色低碳发展	研究员
7	薛菲	一合绿碳（湖北）科技有限公司	能源管理与碳交易	正高级工程师
8	王海	湖北省碳排放权交易中心有限公司	碳排放与碳交易	研究员
9	胡婉玲	华中农业大学	农林经济管理	—

(三) 编制背景详细说明

1. 编制目的、编制原则、编制过程，以及数据采集和计算方法选取的考虑

全球气候变化是当前及未来人类社会面临的主要环境挑战，减少温室气体排放是应对气候变化的重要举措。习近平主席在第七十五届联合国大会一般性辩论上宣布力争在2030年前碳达峰，努力争取2060年实现碳中和。稻

田是温室气体 CH_4 的主要排放源之一，其排放量约占人为 CH_4 排放总量的 11%（IPCC，2013）。而 CH_4 是继 CO_2 之后的第二大温室气体，对全球温室效应的贡献率约为 20%（Bridgham et al.，2013）。中国农业 CH_4 排放约占温室气体排放总量的 5.4%，其中水稻种植约占农业温室气体排放总量的 16%（陈松文等，2021）。稻田 CH_4 的减排已经纳入我国政府的减排总目标，在未来的全球气候谈判和碳减排的承诺上，稻田减排的压力将与日俱增。因此，推动水稻 CH_4 减排对于走低碳稻作发展之路、促进气候智慧型农业健康发展、助力国家实现碳中和具有重要意义（胡婉玲等，2022）。碳核算是实现碳中和所有工作的基础，而方法学则是碳核算的基本依据（柏振忠等，2022）。

本方法学针对华中地区传统双季稻生产区双季稻田改为再生稻种植模式的稻田，通过技术模式优化，在再生稻头季分蘖末期和收获前提早排水晒田、加重晒田程度、延长田间无水层持续时间，以及免去头季收获后土壤翻耕、泡田、耖地等过程大幅度降低土壤扰动等方式，减少稻田 CH_4 排放（Zheng et al.，2022）。该方法学以规范水稻生产 CH_4 减排评价标准、推动碳交易和促进水稻产业低碳发展为核心目标，紧扣再生稻生产 CH_4 减排核心技术原理，对推动农业农村固碳减排意义重大。湖北大学中国农业暨典型行业碳减排碳交易研究中心等编制单位在水稻 CH_4 减排领域具有长期科学试验和观测的基础。本方法学再生稻 CH_4 减排机理明确，是国内外水稻 CH_4 减排方法学开发的重要进展，为水稻产业绿色低碳发展特别是开发我国再生稻种植 CH_4 减排项目提供了重要的支撑。

本方法学参考和借鉴了《联合国气候变化框架公约》（UNFCCC）有关 CDM 下的方法学、工具、方式和程序，IPCC《IPCC 2006 年国家温室气体清单指南 2019 修订版》（IPCC，2019），结合我国再生稻生产与发展现状以及《农业农村部关于大力发展再生稻促进水稻生产能力提升的指导意见》，经有关领域专家学者反复研讨后编制而成。在尊重国际规则的基础上，符合我国发展实际，注重方法学的科学性、合理性和可操作性。方法学编制过程中经过了实地调研和深入研究，通过借鉴国内外相关领域关于温室气体核算的研究成果和已积累的报告经验，保证方法学编制内容体系完整规范，符合我国农业生产实际和国际编制规则和规范。

稻田 CH_4 排放可以通过排放因子法、实测法、模型法和卫星遥感监测法等多种方法测定，本方法学采用模型法。基于栽培管理数据，利用模型 CH4MOD 来计算稻田 CH_4 排放因子。

2. 方法学的行业背景情况、技术现状

农业作为保障国家粮食安全和生态安全的基础性产业，在推动我国实现"碳达峰""碳中和"目标起至关重要的作用（张金鑫和王红玲，2020）。根据我国最新向联合国提交的温室气体排放清单数据，农业生产过程向大气排放的温室气体为8.3亿t CO_2e，约占我国总排放量的6.7%（生态环境部，2018）。其中，水稻种植产生的温室气体排放约占全国农业排放量的23%。与此同时，作为我国最主要的粮食作物之一，水稻是全国65%以上人口的主食。水稻生产需要继续发挥其保障粮食安全的基本作用，同时承担起改善生态环境的功能（张福锁等，2008；国家发展和改革委员会，2013；Yuan et al.，2021）。长期以来，双季稻是稳定粮食产量的重要种植模式，随着国家经济增长、人口城镇化和人口老龄化等问题，农户们因双季稻种植过程中早晚稻育秧、机插和双抢等所需的大量劳力难寻且成本高逐渐淡化双季稻的种植，出现了双季稻改为单季稻的生产趋势，严重威胁国家粮食安全（Xu et al.，2018）。

当前水稻生产面临品种产量潜力停滞、资源日益缺乏、自然环境不断恶化和气候变化等严峻挑战。在耕地面积不能大幅增加和作物单产水平增长缓慢的情况下，提高复种指数被认为是增加粮食产量的有效措施（彭少兵，2014）。再生稻是指利用水稻品种的再生特性，在上茬（头季）水稻收获后，采取一定的栽培管理措施，促使头季稻桩上的休眠芽萌发，进而抽穗、开花、结实，再收获一季水稻（再生季）的种植模式（Harrell et al.，2009）。再生稻生产只需要一季的种子，一次耕整地，因此比双季稻节本省工。同时，稻米品质好、食味佳，深受消费者欢迎，产销缺口很大（王飞等，2021）。另外，再生稻安全环保，有利于促进两型农业发展。与其他生产模式相比，再生稻生产中再生季只施用农药1~2次，肥料用量比一季水稻少，按全年每生产1 000 kg稻谷所消耗的农药和肥料用量以及能耗进行比较，再生稻比其他生产模式显著降低（Yuan et al.，2019）。

再生稻相比传统的双季稻在温度、光照等环境适应性，稻田温室气体排放，水资源合理利用和生态经济价值等方面有诸多优势（张浪等，2019；林志敏等，2022；Song et al.，2021a）。另外，在湖北省荆州市监利市毛市镇开展的水稻种植模式碳排放试验中，研究人员使用静态暗箱—气相色谱法对双季稻和再生稻种植模式的 CH_4 排放进行动态监测，每7~10天进行一次采样，并在实验室用气象色谱仪测定 CH_4 排放浓度并计算排放通量。结果显示，在水稻种植季内，双季稻的 CH_4 排放总量为480.2 kg/hm^2，再生稻

的 CH_4 排放总量为 293.7 kg/hm²。与双季稻相比，再生稻种植减少了 186.5 kg/hm² 的 CH_4 排放，减排 38.8%（Huang et al.，2022）。另外，基于大范围的农户调查数据显示，相比于双季稻，再生稻降低了稻田温室气体排放强度并提高了生态效益，有助于农业温室气体减排（Shen et al.，2020；Yuan et al.，2019）。

3. 方法学对推动实现"碳达峰""碳中和"目标、促进重点行业节能减排、推进减污降碳协同增效、引导社会绿色低碳发展的重要意义

目前，我国正处于农业生态转型的关键时期，在人口增加、资源紧缺和生态退化的背景下，保障农产品供给和改善生态环境是我国农业生产的重要任务。发展再生稻对于提高耕地和资源利用效率、增加水稻总产、保障国家粮食安全具有重要意义（王飞等，2021；Song et al.，2021b）。2022 年农业农村部发布《农业农村部关于大力发展再生稻促进水稻生产能力提升的指导意见》，强调南方省份要把发展再生稻作为保障国家粮食安全的一项重要任务来抓，立足资源禀赋，强化科技支撑，充分挖掘潜力，提升再生稻生产水平。在面积上，通过政策引导和措施落实，力争到 2030 年全国再生稻面积发展到 3 000 万亩①左右，比 2021 年增加约 1 500 万亩。在此基础上，力争再用 5~10 年，发展到 5 000 万亩，全面释放面积潜力，进一步提升我国水稻生产能力，保障国家粮食安全。2023 年中央一号文件提出，鼓励有条件的地方发展再生稻。在这一背景下，该方法学以规范再生稻 CH_4 减排评价标准、推动碳交易和促进水稻产业低碳发展为核心目标，为推动我国再生稻种植 CH_4 减排项目的开发提供了重要支撑，对推动农业农村温室气体减排、助力实现我国"碳达峰""碳中和"目标意义重大。

4. 方法学所使用的减排技术的成本效益分析

与基准线情景相比，本方法学所使用的减排技术再生稻需要农户参加相关的再生稻生产技术培训，掌握再生稻高产低碳栽培技术要点。同时，再生季省去了整田、播种以及移栽等环节，降低了劳动力投入和减轻了劳动强度，进而减少了农资投入。因此，种植再生稻不需要额外的成本投入。

5. 预测方法学在全国范围内应用的项目前景，估算可实现的减排量

按照再生稻比双季稻每亩每年降低温室气体排放 335 kg CO_2e，CH_4 全球变暖潜势按 27 计（IPCC，2021）：

①在当前再生稻面积为 1 500 万亩的条件下，每年可以降低 503 万 t CO_2e

---

① 1 亩≈667 m²，15 亩=1 hm²。全书同。

排放；

②在 2030 年再生稻面积增加到 3 000 万亩的情况下，2020—2030 年每年可降低 503 万~1 005 万 t CO_2e 排放；

③在 2050 年再生稻面积增加到 5 000 万亩的情况下，2030—2050 年每年可降低 1 005 万~1 675 万 t CO_2e 排放。

第二节　方法学应用项目案例

以"湖北洪湖再生稻种植温室气体自愿减排项目"为案例，诠释本方法学的实际应用，项目设计文件见表 1-6。

表 1-6　温室气体自愿减排项目设计文件

项目活动名称	湖北洪湖再生稻种植温室气体自愿减排项目
项目所属行业领域	农业
项目设计文件版本	V01
项目设计文件完成日期	2023 年 4 月 12 日
项目业主	洪湖市春露农作物种植专业合作社联合社
所选择的方法学	《在水稻生产中通过再生稻种植减少稻田甲烷排放方法学》
计入期类型及起止时间	固定计入期，2023 年 4 月 1 日—2033 年 3 月 31 日
预计的温室气体年均减排量	31 000 t CO_2e

一、项目活动描述

(一) 项目活动的目的和概述

1. 项目活动目的

农业是人类社会生存和国民经济发展的基础，农业生产是全球温室气体排放的第二大重要来源，水稻种植过程中的 CH_4 排放是农业源温室气体排放重要组成部分。在水稻种植过程中，稻田长期处于淹水条件下，土壤中的有机质在厌氧条件下会被甲烷菌分解而释放出 CH_4。因此，减少土壤扰动、调整供水、改善厌氧条件、增加水中溶解氧等措施成为减少 CH_4 排放的重要方式。

目前，再生稻种植主要分布于华中地区传统双季稻生产区。随着农村劳动力短缺和劳动力成本上升等问题日益突显，农户们因双季稻种植过程中早晚稻育秧、机插和双抢等所需的大量劳力难寻且成本高，种植双季稻的意愿逐渐降低。相比于双季稻，再生稻保证了总产不降低甚至有所增加，降低了劳动力投入，减轻了劳动强度，进而减少了农资投入，在温度、光照等环境适应性、稻田温室气体排放、水资源合理利用和生态经济价值等方面有较大的优势。

CMS-017-V01方法学主要通过排灌设施调整稻田供水，促进水稻种植中稻田温室气体减排。本项目采用新方法学《在水稻生产中通过再生稻种植减少稻田甲烷排放方法学》，根据再生稻水田的特征和再生稻种植的特点，研究适用于再生稻水田的碳减排方法学。

2. 项目活动概述

根据《温室气体自愿减排交易管理暂行办法》的有关规定，为减少在水稻种植过程中稻田的CH_4排放，规范国内再生稻种植模式稻田的CH_4减排项目的设计、减排量的核算与监测工作，确保再生稻种植过程中项目所产生的CH_4达到可测量、可报告、可核查的要求，依据《在水稻生产中通过再生稻种植减少稻田甲烷排放方法学》，在洪湖市乌林镇、沙口镇、峰口镇和万全镇的再生稻开展温室气体减排项目开发和监测。本项目所属领域为农业。

本项目属于温室气体自愿减排交易体系下以降低CH_4排放为主要目的的再生稻种植的CH_4减排的计量与监测。项目活动为再生稻种植，基准线情景为当地常规耕作的双季稻种植。再生稻为新项目，在开发过程中投入较大，环境和社会效益显著。本项目再生稻种植面积为10万亩。

3. 项目批复情况

本项目结合洪湖市当地水稻生产特点，依托华中农业大学作物遗传改良全国重点实验室和再生稻生产与产业化技术湖北省工程研究中心，在洪湖市开展再生稻种植。该项目得到湖北省农业农村厅和当地农业农村局的批准和大力支持，也符合洪湖市当地的生产实际。本项目遵循下列规范性文件的规定：

①《土地利用、土地利用变化和林业优良做法指南》（IPCC，2003）；
②《温室气体自愿减排交易管理暂行办法》（国家发展和改革委员会，2012）；

③《再生稻高产栽培技术规程》(江西省市场监督管理局，2018)；

④《机收再生稻高产栽培技术规程》(华中农业大学，2016)；

⑤《IPCC 2006 年国家温室气体清单指南 2019 修订版》(IPCC，2019)。

(二) 项目活动位置

1. 省/自治区/直辖市

湖北省荆州市洪湖市。

2. 市/县/乡（镇）/村

洪湖市乌林镇王家洲村、沙口镇、峰口镇和万全镇。

3. 项目地理位置

本项目一共有 4 个示范基地，全部位于湖北省荆州市洪湖市，分别为乌林镇王家洲村春露再生稻示范基地、沙口镇春露再生稻示范基地、峰口镇春露再生稻示范基地和万全镇春露再生稻示范基地。

洪湖市，湖北省辖县级市，由荆州市代管。地处湖北省中南部，江汉平原东南端，以境内最大的湖泊——洪湖命名，位于东经 113°07′~114°05′、北纬 29°39′~30°12′之间。东南濒长江，与嘉鱼县、赤壁市及湖南省临湘市隔江相望；西傍洪湖与监利市接壤；北依东荆河与汉南区、仙桃市相邻，总面积 2 519 km²。洪湖市共有大小湖泊 102 个，境内洪湖是我国重要的湿地自然保护区，被誉为"湖北之肾"。

(三) 采用的技术和（或）措施

1. 采用的技术

再生稻种植减少 CH_4 排放的主要机理如下。

(1) 再生稻生产减少土壤扰动降低 CH_4 排放。再生稻相比于双季稻免去了再生季收获后的土壤翻耕、泡田、耙地等过程，大幅降低了土壤扰动，从而降低了 CH_4 排放。

(2) 再生稻生产中优化水分管理降低 CH_4 排放。与双季稻相比，为了降低头季机械碾压，再生稻生产中头季排水晒田开始时间早、晒田程度重、田间无水层持续时间长，显著降低了 CH_4 排放。

2. 气候条件

洪湖市属亚热带湿润季风气候，特点是冬夏长、春秋短，四季分明，光照充足，雨量充沛，温和湿润，夏热冬冷，降水集中于春夏，洪涝灾害较多。

洪湖市年平均气温 16.6 ℃左右，全市气温由东南向西北逐渐递减。常年最冷月为1月，平均气温3.8 ℃，极端最低气温-13.2 ℃（1977-01-30）；常年最热月为7月和8月，平均气温28.9 ℃，极端最高气温39.6 ℃（1971-07-21）。日温差平均在7.7 ℃左右，6月、7月最小，均为7.2 ℃；10月最大，为8.7 ℃。地面温度历年平均为19 ℃，地面极端最高温度为69.2 ℃（1970-08-02），地面极端最低温度为-20.1 ℃（1977-01-30）。

洪湖市平均日照时数为1 980~2 032 h，平均每天日照时数5.4~5.6 h，年日照百分率为45%。各月日照时数以6—8月最多，达700~750 h，占全年的35.8%~36.9%；12月至翌年2月最少，只占全年的18.8%。

洪湖市境内年均降雨日为135.7天，降雨量为1 060.5~1 331.1 mm。年降雨量最多的是1954年的2 309.4 mm，最少的是1968年的774.4 mm。年降雨量的地域差异明显，春季以南部的螺山最多、北部的峰口最少，两地差值为112.8 mm。夏季各地降雨量普遍增加，4—10月降雨量约占全年降雨量的74%，降雨空间分布是由东南向西北递减。全市年平均暴雨日数为38天，5—6月为一年中暴雨最多的时段，占51.4%。

3. 地形地貌

洪湖市全境历史上属云梦泽东部的长江泛滥平原，地势自西北向东南呈缓倾斜，形成南北高、中间低、广阔而平坦的地貌，海拔大多为23~28 m。最高点是螺山主峰，海拔60.5 m；最低点是沙套湖底，海拔只有17.9 m。洪湖市平均坡度约为0.3%，境内河渠纵横交织，湖泊星罗棋布。

4. 水文条件

洪湖市湖区为"四湖"（长湖、三湖、白露湖、洪湖）诸水汇归之地，因而成为具有江南地理特征的水网地区，素有"百湖之市""水乡泽国"之称。主要河渠除南沿长江、北依东荆河外，区域内还有内荆河、"四湖"总干渠、洪排河、南港河、陶洪河、中府河、下新河、蔡家河、老闸河等大小河渠113条，总长度达900 km；千亩以上的湖泊有洪湖、大沙湖、大同湖、土地湖、里湖、沙套湖、肖家湖、云帆湖、东汉湖、塘老堰、洋圻湖、后湖、太马湖、金湾湖、形斗湖等21个。

(四) 项目及减排量唯一性声明

本项目未申报其他任何国际国内温室气体减排机制下的减排项目。

二、采用的基准线情景和监测方法学

(一) 采用的方法学

《在水稻生产中通过再生稻种植减少稻田甲烷排放方法学》。

(二)采用方法学的适用性

本方法学适用于温室气体自愿减排交易体系下以降低 CH_4 排放为主要目的的再生稻种植的 CH_4 减排的计量与监测。使用本方法的再生稻种植的 CH_4 减排项目活动必须满足以下条件：

①开展项目活动的农田权属清晰，具有县级以上人民政府核发的土地权属证书；

②项目活动不违反任何国家有关法律、法规和政策措施；

③基准线情景下土地利用方式为常规耕作的双季稻；

④项目参与方应有能力如实监测和记录项目实施阶段需监测的参数；

⑤项目年减排总量应该小于或等于 6 万 t CO_2e。

(三)项目边界及排放源

项目边界是指项目参与方实施再生稻种植的活动地理范围。一个项目活动可在若干个不同的地块上进行，但每个地块应有特定的地理边界。

项目地理边界包括水稻种植模式发生变化的稻田。项目边界的空间范围包括项目活动下种植方法发生变化的所有稻田。边界可采用下述方法进行确定：预先根据公开的卫星地形图，或者采用全球定位系统、北斗卫星导航系统或其他卫星系统直接测定开展项目活动的所有地块的拐点坐标，定位误差不超过 5 m。基准线情景和项目活动包括的温室气体排放源见表 1-7。

表 1-7 基准线情景和项目活动包括的温室气体排放源

类别	排放源	温室气体种类	是否包含	理由/解释
基准线情景	早季和晚季两季稻田直接排放	CH_4	是	项目排放源
		CO_2	否	本方法学不包括 CH_4 以外的排放
		N_2O	否	本方法学不包括 CH_4 以外的排放
	农机、化石燃料消耗	$CO_2/CH_4/N_2O$	否	与基准线情景双季稻相比，项目活动再生稻再生季省去了机械整地、播种和移栽环节，包括肥料农药等农业生产资料，投入低。因此，再生稻农机、化石燃料消耗产生的温室气体排放低于双季稻。不包括该类排放，属于项目减排保守估计

（续表）

类别	排放源	温室气体种类	是否包含	理由/解释
项目活动	头季和再生季两季稻田直接排放	CH_4	是	项目排放源
		CO_2	否	本方法学不包括 CH_4 以外的排放
		N_2O	否	本方法学不包括 CH_4 以外的排放
	农机、化石燃料消耗	$CO_2/CH_4/N_2O$	否	与基准线情景双季稻相比，项目活动再生稻再生季省去了机械整地、播种和移栽环节，包括肥料农药等农业生产资料，投入低。因此，再生稻农机、化石燃料消耗产生的温室气体排放低于双季稻。不包括该类排放，属于项目减排保守估计

（四）基准线情景的识别和描述

基准线情景是在没有项目活动的情况下，种植双季稻的稻田产生的 CH_4 排放。若在同一块稻田，在一个日历年之内（1—12月）依次种植了早稻和晚稻，则该稻田可被识别为基准线情景。在本项目中，首先收集基准线相关资料，如早季和晚季分别的移栽日期、收获日期和水稻产量，然后分析是否满足基准线条件（即对照基准线适用条件）。

对于能提供同等服务或产品的所有可行替代方案，在采用移栽方式种植双季稻的双季稻区，双季稻双直播可作为替代方案。

（五）额外性论证

本项目年减排量为2万~6万 $t\ CO_2e$，按照方法学的要求，项目参与方需论证项目活动是不是普遍性实践。项目活动一旦被论证不是普遍性实践，即被认定在其计入期内具有额外性。

项目活动不是普遍性实践的情形：

①项目参与方能证明拟议项目活动与项目区域普遍实施的耕作方式具有本质的差异；

②项目参与方可以提供证明文件，证明当地实施的再生稻种植模式措施是政府支持的示范项目、国际援助项目等，而拟议项目不具备这些条件。

2015年，洪湖市春露农作物种植专业合作社联合社被命名为荆州市农业产业化重点龙头企业、荆州市现代农业示范园、湖北省农民专业合作社示范社，2016年12月被农业部等九部委认定为全国农民专业合作社示范社。

洪湖项目是全国再生稻的示范基地,也是湖北省洪湖市政府支持的示范项目,不是普遍性实践。

(六)减排量核算

1. 核算方法的说明

(1)基准线情景下 CH_4 排放。基准线情景是实施传统移栽双季稻生产管理模式,并利用公式(1-1)、公式(1-2)和公式(1-3)计算基准线情景下水稻生产季的稻田 CH_4 排放量。

基准线情景下双季稻早季和晚季 CH_4 排放因子($EF_{ES,y}$ 和 $EF_{LS,y}$)可用模型(如 CH4MOD)来计算稻田 CH_4 排放因子。根据 CH4MOD 模型估算稻田 CH_4 排放,所需要的活动水平数据及其相关数据有:逐日平均气温、产量、秸秆还田量、农家肥施用量、播种日期或移栽日期(移栽稻)、收获日期、土壤类型、土壤含砂量以及灌溉模式。

(2)项目活动下 CH_4 排放。项目活动是实施再生稻生产管理模式,并利用下列公式计算项目活动下水稻生产季节的稻田 CH_4 排放量:

$$PE_y = BE_{MS,y} + BE_{RS,y} \tag{1-8}$$

$$PE_{MS,y} = \sum EF_{MS,y} \times AD_{MS,y} \times 10^{-3} \times GWP_{CH_4} \tag{1-9}$$

$$PE_{RS,y} = \sum EF_{RS,y} \times AD_{RS,y} \times 10^{-3} \times GWP_{CH_4} \tag{1-10}$$

其中:

PE_y——在 y 年项目活动下温室气体排放总量,$t\ CO_2e$;

$PE_{MS,y}$——在 y 年项目活动下头季温室气体排放量,$t\ CO_2e$;

$PE_{RS,y}$——在 y 年项目活动下再生季温室气体排放量,$t\ CO_2e$;

$EF_{MS,y}$——在 y 年项目活动下头季稻田 CH_4 排放因子,$kg\ CH_4/hm^2$;

$EF_{RS,y}$——在 y 年项目活动下再生季稻田 CH_4 排放因子,$kg\ CH_4/hm^2$;

$AD_{MS,y}$——在 y 年项目活动下头季种植面积,hm^2;

$AD_{RS,y}$——在 y 年项目活动下再生季种植面积,hm^2;

GWP_{CH_4}——CH_4 的全球变暖潜势。

在项目执行过程中,再生稻头季和再生季的 CH_4 排放因子($EF_{ES,y}$ 和 $EF_{LS,y}$)可以通过模型(如 CH4MOD)进行计算。为了使用 CH4MOD 模型来估算稻田 CH_4 排放,需要相应的活动水平数据和相关数据,包括逐日平均气温、产量、秸秆还田量、农家肥施用量、播种日期或移栽日期(移栽稻)、收获日期、土壤类型、土壤含砂量以及灌溉模式。

(3)泄漏。本方法学不考虑项目活动对项目边界外温室气体排放的影响。相比于基准线情景，项目活动再生稻周年氮肥用量降低，会降低 N_2O 排放；但是头季和再生季非淹灌时间延长，会增加 N_2O 排放，二者合计对 N_2O 排放的影响小于预期减排量的 1%。另外，项目如表活动再生稻种植也不会影响 CO_2 排放。

2. 项目设计阶段确定的参数和数据

项目设计阶段确定的参数和数据见表 1-8。

表 1-8 设计阶段确定的参数和数据

数据/参数	早季稻田 CH_4 排放因子（$EF_{ES,y}$）
数据描述	双季稻早季稻田 CH_4 排放因子
数据单位	$kg\ CH_4/hm^2$
数据来源	《省级温室气体清单编制指南（试行）》
数据值	241.0
数据选用的合理性或测量方法和程序	国家发展和改革委员会编制的《省级温室气体清单编制指南（试行）》是权威的数据来源，而且该数据由模型 CH4MOD 计算得出
数据用途	用于计算基准线情景双季稻早季 CH_4 排放
备注	—
数据/参数	晚季稻田 CH_4 排放因子（$EF_{LS,y}$）
数据描述	双季稻晚季稻田 CH_4 排放因子
数据单位	$kg\ CH_4/hm^2$
数据来源	《省级温室气体清单编制指南（试行）》
数据值	273.3
数据选用的合理性或测量方法和程序	国家发展和改革委员会编制的《省级温室气体清单编制指南（试行）》是权威的数据来源，而且该数据由模型 CH4MOD 计算得出
数据用途	用于计算基准线情景双季稻晚季 CH_4 排放
备注	—

(续表)

数据/参数	CH_4 的全球变暖潜势（GWP_{CH_4}）
数据描述	CH_4 的全球变暖潜势
数据单位	—
数据来源	《IPCC 2021 年 IPCC 第六次评估报告》
数据值	27
数据选用的合理性或测量方法和程序	《IPCC 2021 年 IPCC 第六次评估报告》是权威的数据来源
数据用途	将 CH_4 转换成二氧化碳当量
备注	—
数据/参数	再生稻头季种植面积（$AD_{MS,y}$）
数据描述	再生稻头季种植面积
数据单位	hm^2
数据来源	项目参与方报告
数据值	6 667
数据选用的合理性或测量方法和程序	可通过卫星遥感手段复核
数据用途	用于计算项目活动排放量
备注	—
数据/参数	再生稻再生季种植面积（$AD_{RS,y}$）
数据描述	再生稻再生季种植面积
数据单位	hm^2
数据来源	项目参与方报告
数据值	6 667
数据选用的合理性或测量方法和程序	可通过卫星遥感手段复核
数据用途	用于计算项目活动排放量
备注	—

3. 项目设计阶段减排量估算

项目减排量等于基准线排放与项目活动的排放量的差值，用公式（1-7）计算。

4. 项目设计阶段估算减排量汇总

项目设计阶段估算减排量见表1-9。

表1-9 项目设计阶段预估的项目减排量　　　　　　　　单位：t CO_2e

年份	基准线排放	项目排放	泄漏	减排量
2023年4月1日—2024年3月31日	80 800	49 800	0	31 000
2024年4月1日—2025年3月31日	80 800	49 800	0	31 000
2025年4月1日—2026年3月31日	80 800	49 800	0	31 000
2026年4月1日—2027年3月31日	80 800	49 800	0	31 000
2027年4月1日—2028年3月31日	80 800	49 800	0	31 000
2028年4月1日—2029年3月31日	80 800	49 800	0	31 000
2029年4月1日—2030年3月31日	80 800	49 800	0	31 000
2030年4月1日—2031年3月31日	80 800	49 800	0	31 000
2031年4月1日—2032年3月31日	80 800	49 800	0	31 000
2032年4月1日—2033年3月31日	80 800	49 800	0	31 000
合计	808 000	498 000	0	310 000
计入期内年均值	80 800	49 800	0	31 000

（七）监测计划

1. 项目实施阶段需监测的参数和数据

项目实施阶段需检测的参数和数据见表1-10。

表1-10 项目实施阶段需监测的参数和数据

数据/参数	水稻种植面积
数据描述	再生稻头季、再生季的每季水稻种植面积
数据来源	项目参与方报告
数据单位	hm^2
数值	—
监测点要求	开展项目活动的稻田
监测仪表要求	土地权属证书、GPS定位仪
监测程序与方法要求	根据县级以上人民政府核发的土地权属证书统计核算面积
监测频次和记录要求	每年更新，分季记录
质量保证与质量控制程序要求	可通过卫星遥感手段复核

(续表)

数据用途	用于计算项目活动再生稻头季和再生季的 CH_4 排放
备注	—
数据/参数	**逐日平均气温**
数据描述	水稻生长期内逐日平均气温
数据来源	来源于各地气象部门的常规气象观测数据
数据单位	℃
数值	—
监测点要求	气象部门的常规气象观测站
监测仪表要求	满足气象部门的常规气象观测仪表要求
监测程序与方法要求	遵循气象部门的常规气象观测程序和要求
监测频次和记录要求	逐日数据
质量保证与质量控制程序要求	可通过公开的网格数据进行质量控制
数据用途	用于 CH4MOD 模型估算再生稻头季和再生季 CH_4 排放因子
备注	—
数据/参数	**产量**
数据描述	再生稻头季、再生季每季单位面积水稻产量
数据来源	项目参与方报告
数据单位	t/hm^2
数值	—
监测点要求	开展项目活动的稻田
监测仪表要求	—
监测程序与方法要求	根据水稻收获面积和总产量计算
监测频次和记录要求	每年更新，分季记录
质量保证与质量控制程序要求	可通过卫星遥感手段复核
数据用途	用于 CH4MOD 模型估算再生稻头季和再生季 CH_4 排放因子
备注	—
数据/参数	**秸秆还田量**
数据描述	再生稻头季、再生季每季秸秆还田量
数据来源	项目参与方报告
数据单位	t/hm^2
数值	—

(续表)

监测点要求	开展项目活动的稻田
监测仪表要求	—
监测程序与方法要求	根据水稻产量和秸秆还田率计算
监测频次和记录要求	每年更新,分季记录
质量保证与质量控制程序要求	可通过卫星遥感手段复核
数据用途	用于CH4MOD模型估算再生稻头季和再生季CH_4排放因子
备注	—
数据/参数	**农家肥施用量**
数据描述	再生稻头季、再生季每季农家肥用量
数据来源	项目参与方报告
数据单位	t/hm^2
数值	—
监测点要求	开展项目活动的稻田
监测仪表要求	—
监测程序与方法要求	根据农家肥实际施用量报告
监测频次和记录要求	每年更新,分季记录
质量保证与质量控制程序要求	由项目参与方提供书面记录
数据用途	用于CH4MOD模型估算再生稻头季和再生季CH_4排放因子
备注	—
数据/参数	**移栽日期**
数据描述	再生稻头季的移栽日期
数据来源	项目参与方报告
数据单位	—
数值	—
监测点要求	开展项目活动的稻田
监测仪表要求	—
监测程序与方法要求	根据实际移栽日期报告
监测频次和记录要求	每年更新,分季记录
质量保证与质量控制程序要求	可通过卫星遥感手段复核
数据用途	用于CH4MOD模型估算再生稻头季和再生季CH_4排放因子
备注	可作为克服技术障碍的证明

(续表)

数据/参数	收获日期
数据描述	再生稻头季、再生季的收获日期
数据来源	项目参与方报告
数据单位	—
数值	—
监测点要求	开展项目活动的稻田
监测仪表要求	—
监测程序与方法要求	根据实际收获日期报告
监测频次和记录要求	每年更新，分季记录
质量保证与质量控制程序要求	可通过卫星遥感手段复核
数据用途	用于 CH4MOD 模型估算再生稻头季和再生季 CH_4 排放因子
备注	可作为克服技术障碍的证明
数据/参数	土壤类型
数据描述	种植再生稻稻田的土壤类型
数据来源	项目参与方报告
数据单位	—
数值	—
监测点要求	开展项目活动的稻田
监测仪表要求	满足土壤类型测定要求的仪器
监测程序与方法要求	满足土壤类型测定要求
监测频次和记录要求	每年更新，分季记录
质量保证与质量控制程序要求	可通过全球网格数据验证
数据用途	用于 CH4MOD 模型估算再生稻头季和再生季 CH_4 排放因子
备注	—
数据/参数	土壤含砂量
数据描述	种植再生稻稻田的土壤含砂量
数据来源	项目参与方报告
数据单位	%
数值	—
监测点要求	开展项目活动的稻田
监测仪表要求	满足土壤含砂量测定要求的仪器

(续表)

监测程序与方法要求	满足土壤含砂量测定要求
监测频次和记录要求	每年更新，分季记录
质量保证与质量控制程序要求	可通过全球网格数据验证
数据用途	用于CH4MOD模型估算再生稻头季和再生季CH_4排放因子
备注	—
数据/参数	**灌溉模式**
数据描述	再生稻头季、再生季的灌水时间以及每次灌水深度
数据来源	项目参与方报告
数据单位	—
数值	—
监测点要求	开展项目活动的稻田
监测仪表要求	—
监测程序与方法要求	根据实际灌水时间以及每次灌水深度报告
监测频次和记录要求	每年更新，分季记录
质量保证与质量控制程序要求	可通过卫星遥感手段复核
数据用途	用于CH4MOD模型估算再生稻头季和再生季CH_4排放因子
备注	可作为克服技术障碍的证明

2. 数据抽样计划

水稻大面积抽样。

3. 监测计划的其他内容

项目参与方必须确保项目遵循再生稻稻田的管理方式（参见《机收再生稻高产栽培技术规程》），以保守地反映项目稻田的CH_4排放，从而确保只有真正遵循项目管理措施的稻田减排量被计量。

报告和核查应基于抽样和农户的管理措施记录簿，应遵循最新版本的《CDM项目活动和规划类项目活动的取样和调查标准》。

项目参与方应根据数据监测模板（附表1-2）如实记录信息，其中包括能够明确识别参与项目的稻田信息，如农户的姓名和住址、每季的水稻产量、秸秆还田量、农家肥施用量、播种日期或移栽日期（移栽稻）、收获日期、土壤类型、土壤含砂量以及灌溉模式等。

三、项目活动开始日期、寿命期限和计入期

（一）项目活动开始日期

2023 年 4 月 1 日（合同签订日期）。

（二）预计的项目活动运行寿命

2023 年 4 月 1 日—2033 年 3 月 31 日。

（三）项目活动计入期

1. 计入期类型

固定计入期，共计 10 年。

2. 计入期开始日期

2023 年 4 月 1 日（项目开始日期）。

3. 计入期长度

10 年（2023 年 4 月 1 日—2033 年 3 月 31 日）。

四、环境影响及可持续发展

（一）环境影响分析和可持续发展效益分析

1. 环境影响分析

不适用。

2. 可持续发展效益分析

本项目的实施，将推动湖北省水稻种植业的发展，调整经济结构，转变经济增长方式，分流安置富余人员，实施再就业工程；实施水稻种植碳汇项目，有助于推动水稻种植生态建设，促进产业转型发展；坚持以人为本的理念，遏制生态环境的恶化、保护生物多样性、促进项目区社会经济的可持续发展；构建比较完善的水稻种植生态体系和产业体系，为国民经济和社会可持续发展作出贡献。

（1）增加收入。本项目的实施，不仅增加了水稻产量，而且稻农有更多的时间从事副业，增加了稻农收入。

（2）提供就业。再生稻种植可给当地居民提供就业机会，特别是规模化种植可以促进上下游产业的发展，比如农机化服务、稻谷烘干和加工，拓展农业价值链上的就业机会，促进解决当地富余劳动力就业的问题，从而提高当地群众的生活质量。

（3）维护社会稳定。通过改善生态环境，促进当地旅游等特色产业的发展，为稻农提供脱贫致富的机遇，改善并提高他们的生活水平和精神风

貌。特色产业的壮大也推动了相关行业（服务业、商业、交通运输等）的繁荣，为社会创造了更广泛的就业机会，推动了当地经济的可持续发展，促使社会保持和谐稳定。

(二) 环境影响评价

不适用。

五、当地利益相关方意见

(一) 当地利益相关方意见的征集

本项目的主要利益相关方为湖北省洪湖市水稻种植稻农，本项目于2023年2月，向利益相关方发放100份问卷调查，回收100份，反馈率100%。调查的利益相关方具有不同的受教育程度和年龄，见表1-11。在此期间，洪湖市农业农村局组织各利益相关方讨论了再生稻种植碳汇项目在社会、经济、环境方面的好处和可能的不足，征求了他们对再生稻种植碳汇项目活动的意见和建议；并针对他们提出的疑问和问题进行讨论和解答。利益相关方的信息反馈见表1-12。

表1-11 利益相关方基本信息

类别	项目	人数（占比）
性别	男	72 (72.00%)
	女	28 (28.00%)
年龄	20~30岁	14 (14.00%)
	30~50岁	65 (65.00%)
	50岁以上	21 (21.00%)
教育程度	初中及以下	65 (65.00%)
	高中	25 (25.00%)
	大学及以上	10 (10.00%)

表1-12 利益相关方信息反馈汇总

序号	问题	选项	人数（占比）
1	是否了解气候变化与农业碳汇？	不知道	15 (15.00%)
		知道一点	66 (66.00%)
		很清楚	19 (19.00%)

(续表)

序号	问题	选项	人数（占比）
2	是否知道土地退化的原因？（多选）	土壤养分流失	43（25.44%）
		人为破坏	57（33.73%）
		缺乏管理	45（26.63%）
		病虫害严重	24（14.20%）
3	是否知道本碳汇项目？	不知道	15（15.00%）
		知道一点	69（69.00%）
		很清楚	16（16.00%）
4	从何处得到本碳汇项目的信息？	网络	17（17.00%）
		报纸	16（16.00%）
		政府信息	41（41.00%）
		其他	26（26.00%）
5	本次项目各项具体工作是否有专人负责？	是	48（48.00%）
		不知道	42（42.00%）
		否	10（10.00%）
6	你是否参与项目活动？	是	54（54.00%）
		否	46（46.00%）
7	是否支持本碳汇项目实施？	是	92（92.00%）
		不清楚	8（8.00%）
		否	0（0.00%）
8	是否认为本碳汇项目可以为当地带来经济效益、环境效益和社会效益？	是	78（78.00%）
		不清楚	22（22.00%）
		否	0（0.00%）
9	对本碳汇项目，您关心哪方面效益？（多选）	经济效益	58（29.59%）
		环境效益	79（40.31%）
		社会效益	59（30.10%）
		其他	0（0.00%）
10	本项目的实施对周边的居民是否有益？	是	97（97.00%）
		否	3（3.00%）
11	是否认为本碳汇项目会对周边环境带来负面影响？	是	2（2.00%）
		否	98（98.00%）

（续表）

序号	问题	选项	人数（占比）
12	本碳汇项目对您有哪些影响？（多选）	提供就业机会	30（22.90%）
		改善周边环境	72（54.96%）
		妨碍日常生活	0（0.00%）
		其他	29（22.14%）
13	您对本项目有何意见或建议？	项目是好项目，建议尽快推进项目，政府需加大投资和宣传力度，保证项目顺利推进，造福人民	

（二）征集意见的汇总

根据利益相关方的反馈表可以得出如下结论。

1. 利益相关方对农业碳汇认知程度较低

从反馈的信息看，许多人对农业碳汇只是有简单的了解，只有通过培训，才能让他们对农业碳汇和碳交易有进一步的了解。

2. 利益相关方非常支持开展碳汇活动

从反馈的信息看，几乎全部利益相关方支持开展农业碳汇活动，并认识到如果碳汇活动能够顺利地进行，将会带来以下3个方面的效益。

（1）经济效益。增加农业收益，为地方政府创收。

（2）生态效益。改善生态环境，减少水土流失，提高森林的生态效益和可持续发展。

（3）社会效益。改善居民周边生活环境，提供就业机会。

（三）征集意见的考虑

通过利益相关方调查问卷，获得相关意见。结果显示，几乎全部利益相关方支持本项目活动的开展。以下为对利益相关方提出问题的回复。

（1）协调相关部门，对利益相关方进行农业碳汇技术方面的培训，使得他们能够根据当地条件，进行科学合理的水稻种植培训。

（2）作业过程中，对土壤的扰动和补植补造过程中对地块坡度、土壤性质的选择要科学合理，不能产生水土流失。

附录1-1 申请项目备案的企业法人联系信息

申请项目备案的企业法人联系信息见附表1-1。

附表1-1 申请项目备案的企业法人联系信息

法人名称：	洪湖市春露农作物种植专业合作社联合社
地址：	湖北省荆州市洪湖市经济开发区工业二路特2号
邮政编码：	433200
电话：	—
传真：	—
电子邮件：	—
网址：	www.hhclls.com
授权代表姓名：	曾斌
职务：	理事长
部门：	理事会
手机：	—
传真：	—
电话：	—
电子邮件：	—

附录 1-2　项目实施阶段需监测的数据

项目参与方须按照附表 1-2，如实记录包括能明确识别参与项目的稻田信息和作物生产管理信息。

附表 1-2　项目实施阶段需监测的数据

地址：		
姓名：		
联系方式：		
监测项目	头季	再生季
水稻产量（t/hm^2）		
秸秆还田量（t/hm^2）		
农家肥施用量（t/hm^2）		
播种日期或移栽日期（移栽稻）		—
收获日期		
土壤类型		
土壤含砂量（%）		
灌溉模式［灌水时间及深度（cm）］		

第二章
在水稻种植中通过稻虾模式减少甲烷排放方法学

第一节 方法学

一、引言

稻虾模式是我国气候智慧型农业的重要技术创新，在实现减肥减药降碳的同时，提升了稻田综合效益，提高了农民种粮积极性，对稳定粮食生产起到了积极作用。在水稻种植中通过稻虾模式减少 CH_4 排放的主要机理有两个：一是小龙虾在稻田水中的活动和钻洞可使稻田水中和土壤含氧量增加，可降低产甲烷菌丰度，增加甲烷氧化菌丰度，加快 CH_4 的氧化速度，由此降低 CH_4 排放量；二是小龙虾通过嚼食水稻枯叶以及秸秆还田的有机质，减少了这些有机残体在分解过程中产生的 CH_4 排放。

为促进稻虾模式这一创新技术的全面应用和明确其温室气体减排量，规范国内在水稻种植中通过稻虾模式减少甲烷排放项目（本章以下简称项目）的设计、减排量的核算与监测工作，确保在水稻种植过程中项目所产生的减排量达到可测量、可报告、可核查的要求，促进国内该类项目的自愿减排交易，湖北大学中国农业暨典型行业碳减排碳交易研究中心牵头编制《在水稻种植过程中通过稻虾模式减少稻田甲烷排放方法学》，以规范国内该类项目设计文件编制和碳减排计量与监测工作。本方法学是新方法学，所属领域为农业，在 CDM、GS 和 VCS 批准或审议中的方法学中没有类似的方法学。

本方法学以土地利用方式为常规耕作（一季中稻、冬闲）的稻田为基准线情景，而项目情景为稻虾模式，即以一季中稻为主、以养虾为辅，在种稻前、种稻中和水稻收获后适时养殖和收获克氏原螯虾（*Procambarus* clarkia），并以此往复循环的稻田综合种养模式，且与基准线情景相比不降低周年水稻产量。如果该稻虾模式减排项目的年减排量小于 2 万 t CO_2e，则可以免除额外性论证；若该项目的年减排量为 2 万~6 万 t CO_2e，考虑其减排效果明显、社会和生态效益好，有一定规模效应，但经济吸引力可能不够，额外性按简化论证考虑。

二、适用条件

本方法学包括如下适用条件。

（1）开展项目活动的农田权属清晰，具有县级以上人民政府核发的土地权属证书。

（2）基准线情景下土地利用方式为常规耕作（一季中稻、冬闲）的稻田，并且稻田地势较低、排水困难、非稻季长期处于厌氧状态的一季中稻模式。双季稻、水旱轮作稻田、各类旱地、非稻虾模式的其他稻田种养模式等不适用于本方法学。

（3）项目活动为稻虾模式。稻虾模式对水稻种植中大量存在，地势较低、排水困难、非稻季长期处于厌氧状态的一季中稻模式的稻田，因地制宜地改为稻虾模式的稻田，通过挖沟抬高田面、虾子掘洞、非稻季虾沟种植水草等方式，减少稻田 CH_4 排放。以一季中稻为主、以养虾为辅，在种稻前、种稻中和水稻收获后适时养殖和收获克氏原螯虾，并以此往复循环的稻田综合种养模式，均为稻虾模式。

（4）项目活动不违反任何国家有关法律、法规和政策措施，且符合《稻渔综合种养技术规范　第 4 部分：稻虾（克氏原螯虾）》。

（5）项目年减排量小于或者等于 6 万 t CO_2e。

三、引用文件

本方法学遵循下列规范性文件的规定：

①《IPCC 2006 年国家温室气体清单指南 2019 修订版》（IPCC，2019）；

②《土地利用、土地利用变化和林业良好做法指南》（IPCC，2003）；

③《土壤检测　第 1 部分：土壤样品的采集、处理和贮存》（NY/T 1121.1—2006）；

④《温室气体自愿减排交易管理暂行办法》（国家发展和改革委员会，2012）；

⑤《稻渔综合种养生产技术指南》（农业农村部办公厅，2020）；

⑥《稻渔综合种养技术规范 第 4 部分：稻虾（克氏原螯虾）》（SC/T 1135.4—2020）；

⑦《农业农村部关于推进稻渔综合种养产业高质量发展的指导意见》（农业农村部，2022）。

四、术语与定义

基准线情景：指在没有实施稻虾模式时，最能合理地代表项目（边界内土地利用和管理）的情景。

项目情景：指拟议的稻虾模式下的土地利用和管理的情景。

泄漏：指由拟议的稻虾模式引起的、发生在项目边界之外的、可测量的温室气体源排放的增加量。

额外性：指作为温室气体自愿减排项目实施时，与能够提供同等产品和服务的其他替代方案相比，在内部收益率财务指标等方面不是最佳选择，存在融资、关键技术等方面的障碍，但是作为自愿减排项目实施有助于克服上述障碍，并且相较于相关项目方法学确定的基准线情景，具有额外的减排效果，即项目的温室气体排放量低于基准线排放量，或者温室气体清除量高于基准线清除量。

计入期：指项目活动相对于基准线情景产生额外的温室气体减排量的时间区间，计入期不应超过项目活动的寿命期限。

稻虾模式：指充分利用稻田浅水环境和冬闲期，在稻田四周开挖环形沟渠，筑埂，形成养虾环沟，将水稻种植与小龙虾养殖有机结合在一起，能够在稳定水稻种植面积和产量的基础上，大幅度减少化学肥料、农药的投入和使用，降低 CH_4 排放，同时产出高品质的小龙虾，包括如下 3 种模式。

（1）稻虾连作。是指在每年 8—9 月中稻收割前投放亲虾繁殖幼虾，或 10—11 月中稻收割后投放幼虾，翌年 4—5 月收获成虾，6 月整田插秧，种一季中稻，如此循环轮替。

（2）稻虾共作。是指在每年 8—9 月中稻收割前投放亲虾进行繁殖，或在 9—10 月中稻收割后投放幼虾，翌年 4 月中旬至 5 月下旬收获成虾，同时补投幼虾，5 月底或 6 月初整田插秧，8—9 月收获亲虾或商品虾，如此循环轮替。

（3）一稻三虾。是指在每年 4 月初投放较大规格的虾苗，于 5 月底或 6 月初集中捕捞，此为稻前虾；水稻于 5 月下旬在秧田育苗，待 6 月中下旬稻前虾捕捞上市后移栽大田；稻中虾虾苗于5月下旬稻前虾捕净后投放，于8月陆续捕捞上市；稻后虾是利用水稻收获后的冬闲田，投放亲虾繁殖一批虾苗，待翌年3月底或4月初亲虾和仔虾陆续出洞时，及时捕获亲虾上市，待虾苗生长至3~4 cm时，可捕获虾苗出售给养殖户。

五、项目边界及排放源

项目边界：指项目参与方实施稻虾模式的活动地理范围。一个项目活动可在若干个不同的地块上进行，但每个地块应有特定的地理边界。项目边界有事前项目边界和事后项目边界之分。

事前项目边界：在项目设计和开发阶段确定的项目边界，是计划实施项目活动的边界。

事后项目边界：是在项目活动开始后经过核实的实际项目活动边界。在实施阶段，经监测核实的事后项目边界。

事前项目边界可采用下述方法之一确定。

（1）采用全球定位系统、北斗卫星导航系统或其他卫星系统直接测定项目所有地块边界的拐点坐标，定位误差不超过5 m。

（2）使用大比例尺地形图（比例尺不小于1∶10 000）进行现场勾绘，结合全球定位系统、北斗卫星导航系统等定位系统进行精度控制。面积勾绘时要排除地块之间的道路、灌溉渠和田埂等非种植面积。

事后项目边界可采用上述方法之一进行，面积测定误差不超过5%。

在项目审定和核查时，项目参与方须提交地理信息系统（GIS）产出的项目边界的矢量图形文件（.shp文件）。在项目审定和首次核查时，项目参与方须提供占项目活动总面积三分之二或以上的项目业主或其他项目参与方所有项目地块的土地所有权或使用权证明。

基准线情景和项目活动包括的温室气体排放源见表2-1。

表2-1 基准线情景和项目活动包括的温室气体排放源

类别	排放源	温室气体种类	是否包括	理由/解释
基准线情景	水稻种植稻田直接排放	CO_2	否	简化排除
		CH_4	是	主要基准线排放源
		N_2O	否	简化排除
	农机、化石燃料消耗	$CO_2/CH_4/N_2O$	否	简化排除

(续表)

类别	排放源	温室气体种类	是否包括	理由/解释
项目活动	水稻种植稻田直接排放	CO_2	否	简化排除
		CH_4	是	主要项目排放源
		N_2O	是	简化排除
	小龙虾养殖	$CO_2/CH_4/N_2O$	否	简化排除
	农机、化石燃料消耗	$CO_2/CH_4/N_2O$	否	简化排除

鉴于水稻种植中碳排放以直接排放的 CH_4 形态为主，且基准线情景下的 N_2O 和 CO_2 排放与项目情景下 N_2O 和 CO_2 排放差异不显著，本方法学依据保守性原则，仅选择直接排放中的 CH_4 为排放源，N_2O 和 CO_2 的排放不纳入。同时，因为在稻虾模式中是以水稻种植为主、以养虾为辅，且稻田养虾和纯渔业池塘养虾相比，因为水草种植和秸秆还田而投入更少饲料导致养殖同等质量小龙虾的碳排放更少，本方法学考虑到监测的可操作性，小龙虾养殖部分碳排放减少量不纳入。

六、减排量核算方法学

1. 基准线情景识别

基准线情景是在没有项目活动的情况下，种植一季中稻的稻田产生的 CH_4 排放。在识别程序上，首先收集基准线相关资料，如在同一块稻田里，一季中稻的移栽日期、收获日期和水稻产量。然后分析是否满足基准线条件（即：对照基准线适用条件）。

若在同一块稻田，在一个日历年之内（1—12 月）只种植了一季中稻，并且稻田地势较低、排水困难、非稻季长期处于厌氧状态的，则该稻田可被识别为基准线情景。

2. 额外性论证

项目参与方可通过下述程序，论证项目活动的额外性：

①年减排量小于 2 万 t CO_2e 的稻虾模式减排项目可以免除额外性论证；

②对于年减排量为 2 万~6 万 t CO_2e 的稻虾模式减排项目，考虑其减排效果明显、社会和生态效益好，有一定规模效应，但经济吸引力可能不够，额外性按简化论证考虑。

简化论证重点从投资分析方面进行。未考虑减排机制可能带来的效益时，其投资回报率低于社会无风险收益率，则认为其具有额外性。其中，投资回报率可采用内部收益率（IRR）或净现值作为投资分析的财务指标；社会无风险收益率为纯粹利率和通货膨胀附加率之和。

3. 基准线排放计算

基准线背景下 CH_4 排放计算公式：

$$BE_y = \sum EF_y \times AD_y \times 10^{-3} \times GWP_{CH_4} \qquad (2-1)$$

其中：

BE_y——在 y 年基准线情景下 CH_4 排放量，$t\ CO_2e$；

EF_y——在 y 年基准线情景下 CH_4 排放因子，$kg\ CH_4/hm^2$；

AD_y——在 y 年基准线情景下水稻种植面积，hm^2；

GWP_{CH_4}——CH_4 的全球变暖潜势。

4. 项目排放计算

项目背景下 CH_4 排放计算公式：

$$PE_y = \sum EF_y \times AD_y \times 10^{-3} \times GWP_{CH_4} \qquad (2-2)$$

其中：

PE_y——在 y 年项目活动下 CH_4 排放量，$t\ CO_2e$；

EF_y——在 y 年项目活动下 CH_4 排放因子，$kg\ CH_4/hm^2$；

AD_y——在 y 年项目活动下水稻种植面积，hm^2；

GWP_{CH_4}——CH_4 的全球变暖潜势。

5. 项目泄漏计算

项目情景下机械化石燃料可能引起少量 CO_2 排放，但由于工程量小且一次实施可以多年使用，均摊到每年的 CO_2 排放则可忽略不计，本方法学重点关注 CH_4 减排，因此上述化石燃料引起的少量 CO_2 排放可忽略不计。稻田属于严格厌氧环境，在严格厌氧环境下 N_2O 会被彻底反硝化形成 N_2 释放，因此 N_2O 排放量很低，故 N_2O 排放可以忽略不计。同时，本方法学不考虑项目活动对项目边界外温室气体排放的影响。

6. 项目减排量核算

项目减排量等于基准线情景排放与项目活动的排放量的差值，利用下列公式计算：

$$ER_y = BE_y - PE_y \qquad (2-3)$$

其中：

ER_y——在 y 年的温室气体减排量，$t\ CO_2e$；

BE_y——在 y 年基准线情景下温室气体排放总量，$t\ CO_2e$；
PE_y——在 y 年项目活动下温室气体排放总量，$t\ CO_2e$。

七、监测方法学

(一) 项目设计阶段确定的参数和数据

项目设计阶段确定的参数和数据见表2-2。

表2-2 设计阶段监测参数

数据/参数名称	CH_4 排放因子（EF_y）
应用的公式编号	(2-1)
数据描述	基准线情景下一季中稻 CH_4 排放因子
数据单位	$kg\ CH_4/hm^2$
数据来源	《省级温室气体清单编制指南（试行）》
数据选用的合理性	国家发展和改革委员会编制的《省级温室气体清单编制指南（试行）》是权威的数据来源，而且该数据由模型CH4MOD计算得出
数值（如有）	中南地区（河南、湖北、湖南、广东、广西、海南）：236.7
数据用途	用于计算基准线情景一季中稻 CH_4 排放
备注	—
数据/参数名称	**CH_4 的全球变暖潜势（GWP_{CH_4}）**
应用的公式编号	(2-1)、(2-2)
数据描述	CH_4 的全球变暖潜势
数据单位	—
数据来源	《IPCC 2006年国家温室气体清单指南2019修订版》
数据选用的合理性	《IPCC 2006年国家温室气体清单指南2019修订版》是权威的数据源
数值（如有）	27
数据用途	将 CH_4 转换成二氧化碳当量
备注	—

(二) 项目实施阶段需监测的参数和数据

为确定项目活动下的稻田 CH_4 排放以及审定与核查项目活动，必须为项目中所有稻田地块建立稻田管理记录手册，项目实施阶段需监测参数和数据见表2-3。

表2-3 项目实施阶段需监测参数和数据

数据/参数名称	一季中稻种植面积（AD_y）
应用的公式编号	(2-1)、(2-2)
数据描述	项目情景下一季中稻种植面积
数据单位	hm^2
数据来源	项目参与方报告
监测点要求	—
监测仪表要求	—
监测程序与方法要求	根据县级以上人民政府核发的土地权属证书统计核算面积
监测频次与记录要求	每年更新，分季记录
质量保证/质量控制程序要求	可通过卫星遥感手段复核
数据用途	用于计算基准线情景和项目情景下的 CH_4 排放
备注	—
数据/参数名称	CH_4 排放因子（EF_y）
应用的公式编号	(2-2)
数据描述	项目情景稻田 CH_4 排放因子
数据单位	$kg\ CH_4/hm^2$
数据来源	项目参与方实际监测报告
监测点要求	—
监测仪表要求	—
监测程序与方法要求	根据附录2-1"稻田甲烷排放测定指南"的要求进行材料准备、过程实施、样品测定和结果计算，其中箱体材料和制作选择附表2-1的选项1
监测频次与记录要求	每年更新，分季记录
质量保证/质量控制程序要求	见附录2-1
数据用途	用于计算基准线情景和项目情景下的 CH_4 排放
备注	—

（续表）

数据/参数名称	秧苗移栽日期
应用的公式编号	—
数据描述	一季中稻秧苗移栽日期
数据单位	—
数据来源	项目参与方报告
监测点要求	—
监测仪表要求	—
监测程序与方法要求	根据实际秧苗移栽日期报告
监测频次与记录要求	每年更新
质量保证/质量控制程序要求	可通过卫星遥感手段复核
数据用途	用于审定与核查项目活动
备注	—
数据/参数名称	水稻产量
应用的公式编号	—
数据描述	一季中稻产量
数据单位	t/hm^2
数据来源	项目参与方报告
监测点要求	—
监测仪表要求	—
监测程序与方法要求	根据水稻收获面积和总产量计算
监测频次与记录要求	每年更新、记录
质量保证/质量控制程序要求	可通过卫星遥感手段复核
数据用途	用于审定与核查项目活动
备注	—
数据/参数名称	小龙虾产量
应用的公式编号	—
数据描述	小龙虾产量
数据单位	t/hm^2
数据来源	项目参与方报告

(续表)

监测点要求	—
监测仪表要求	—
监测程序与方法要求	根据稻虾模式面积和小龙虾总产量计算
监测频次与记录要求	每年更新、记录
质量保证/质量控制程序要求	可通过卫星遥感手段复核
数据用途	用于审定与核查项目活动
备注	—
数据/参数名称	**稻田改造**
应用的公式编号	—
数据描述	稻田改造
数据单位	hm^2
数据来源	项目参与方报告
监测点要求	—
监测仪表要求	—
监测程序与方法要求	实地测量田间沟、筑埂长度、高度以及面积等
监测频次与记录要求	每年更新、记录
质量保证/质量控制程序要求	可通过无人机复核
数据用途	用于审定与核查项目活动
备注	—

(三) 项目实施及监测的数据管理要求

项目参与方要保证项目稻田的管理方式能保守地反映项目稻田的 CH_4 排放，用以确保只计量真正遵循项目管理措施稻田的减排量。

报告和核查应基于抽样和农户的管理措施记录簿，应遵循最新版本的《CDM 项目活动和规划类项目活动的取样和调查标准》。

项目参与方应该建立一个数据库，数据库包括能明确识别参与项目的稻田信息，包括农户的姓名和住址、稻田面积等，在适当的条件下，还要包括上面提到的特定稻田信息。

八、项目审定与核查要点

(一) 审定要点

1. 项目资格审定条件

"在水稻种植中通过稻虾模式减少稻田甲烷排放"项目须在20××年××月××日之后开工建设,并满足《温室气体自愿减排项目审定与核证指南》中关于项目资格审定的四项规定之一。审定机构应基于审定委托方所提出的项目没有在联合国清洁发展机制之外的其他国际国内减排机制注册的声明进行审查说明。

2. 项目设计文件

项目设计文件的编写应依据从国家主管机构网站上获取的最新格式和填写指南。审定机构应对提交的项目设计文件的格式和完整性进行审定,包括核验土地权属证书、项目参与方数据监测能力。

3. 项目描述

项目设计文件应清楚地描述项目活动,包括项目活动与事前情形的差别、项目设计寿命、计入期开始的时间等。

审定机构应通过现场访问的方式对项目设计文件的完整性和准确性进行审查,确认其符合《温室气体自愿减排项目审定与核证指南》中对清晰性的要求,文件中规定的其他和特殊情况除外。

4. 方法学选择

审定机构应审查项目设计文件中方法学选择部分的论证过程,确认方法学的适用条件得到满足且项目活动不产生方法学包含范围外的减排量。如不能确认应按《温室气体自愿减排项目审定与核证指南》中相应规则处理,并暂停审定工作。

5. 项目边界

审定机构可根据现场观察和文件评审来确定项目边界选择是否合理,包括项目活动所涉及的物理设施、排放源及产生的温室气体。如识别出由项目活动引起的超过预期年减排量的1%但未在方法学中说明的排放源,可启动方法学的澄清、修订或偏移。

本方法学项目边界指的是项目参与方实施稻虾模式的活动地理范围。因此,重点核验项目参与方实施稻虾模式的稻田分布和稻田面积。

6. 基准线识别

审定机构应根据《温室气体自愿减排项目审定与核证指南》要求,按照方法学规定的步骤识别项目基准线。

审定机构应利用财务、当地和行业的经验和知识，确保无合理替代方案被排除在外，应穷尽考虑所有合理替代方案并通过其他可靠信息源对基准线情景进行交叉核对。

7. 额外性

审定机构应依据方法学类型区分额外性论证要求。需要进行额外性论证的应根据《温室气体自愿减排项目审定与核证指南》要求对额外性进行审定。主要考察项目是否事先考虑减排机制带来的效益；项目可以从投资分析和障碍分析之间选定一个角度进行额外性论证，大型项目还需要进行普遍性实践分析。

审定机构应对项目的开始时间、减排机制带来的效益在投资决策中如何起作用及项目如何持续寻求减排机制的支持进行审定。

对通过投资分析论证额外性的项目，审定机构应通过会计和行业专业知识等证明拟议项目活动不是在经济或财务上最有吸引力的替代情景或在没有减排收益的情况下在经济上或财务上是不可行的。

对于障碍分析，审定机构应确定该障碍是真实可信的，并确定障碍是否阻止项目活动的实施但是并不会阻止至少一种可能的替代方案的实施。

对于普遍性实践分析，审定机构应确定地理范围的选择是合理的，确定除拟议项目活动之外，类似活动在多大程度上在设定的地理范围内已经实施。

本方法学所涉及的年减排量小于 2 万 tCO_2e 的稻虾模式减排项目可以免除额外性论证；若年减排量为 2 万~6 万 tCO_2e，项目参与方需按照本方法学所载的额外性论证程序，对项目活动进行简化论证。

8. 减排量计算

审定机构应按照《温室气体自愿减排项目审定与核证指南》相关要求对减排量计算过程中的数据来源的可靠性、参数选取的准确性和计算的规范性进行审查。

应核实计算公式中所使用的数据和参数的选择是正确的；如果事先确定的数据和参数在项目活动的整个计入期内不变，应评估计入期数据与假设是否适宜、计算正确、适用于项目活动并能保守计算减排量；数据与参数在项目活动实施过程中需要监测，则应确认事先的估计是合理的。

使用密闭箱测定方法测算稻虾模式下稻田 CH_4 排放因子。同时，核定每年实施稻虾模式的面积，计算排放量和减排量。

9. 监测计划

审定机构应按照《温室气体自愿减排项目审定与核证指南》中的五项要求对项目设计文件中的监测计划进行审查。

审定机构应确认监测计划满足以下要求：

①符合所选择方法学的要求；

②清晰地描述方法学规定的所有必需的参数；

③监测方式应符合方法学的要求；

④监测计划的设计应具有可操作性；

⑤数据管理、质量保证和控制程序足以保证项目活动产生的减排量能事后报告并且是可核证的。

在监测参数方面，对项目参与方报告的稻虾模式稻田 CH_4 排放因子、一季中稻种植面积、秧苗移栽日期、水稻产量、小龙虾产量、稻田改造（表2-4）进行审查。

表2-4 监测计划符合性审查

监测项目	记录	是否如实监测并记录监测项目
稻虾模式稻田 CH_4 排放因子（kg CH_4/hm²）		
一季中稻种植面积（hm²）		
秧苗移栽日期		
水稻产量（t/hm²）		
小龙虾量（t/hm²）		
稻田改造		

(二) 核证要求

核证要求分为减排量的核证要求和项目备案后变更的审定要求。

1. 减排量核证要求

（1）减排量唯一性。核证机构确认减排量未通过其他机制签发。

（2）项目实施与设计文件的符合性。核证机构现场访问确认项目实施符合设计文件，识别变更并确认项目实施符合方法学。

（3）监测计划与方法学的符合性。核证机构确认监测计划符合方法学，不符则在核证报告以附件形式附上监测计划修订申请。

核验项目参与方数据监测记录的完整性，需要监测的数据包括：稻虾模式稻田 CH_4 排放因子、一季中稻种植面积、秧苗移栽日期、水稻产量、小龙虾产量、稻田改造。

（4）监测与监测计划的符合性。核证机构应确认项目监测活动符合监测计划，包括参数监测、设备维护与校准、记录频次、质量控制程序的实施等。

核验项目参与方是否按照附表1-2要求，记录稻虾模式稻田CH_4排放因子需要监测的数据。

（5）校准频次的符合性。如监测方法学或监测计划中有相应要求，核证机构应确认项目业主按计划对监测设备进行校准。

（6）减排量计算结果的合理性。核证机构应按方法学及备案的项目设计文件对减排量计算过程中使用的所有参数、数据以及减排量计算结果进行核证。核证过程应符合《温室气体自愿减排项目审定与核证指南》的相关规范。

核验项目参与方是否按照项目活动数据监测要求提供了稻虾模式稻田CH_4排放因子的数据，稻虾面积数据等。按照方法学所述程序计算排放量和减排量。

2. 项目备案后变更审定要求

（1）监测计划或方法学临时偏移。核证机构应确认偏移发生的确切日期及影响，要求项目业主保守处理。

（2）项目信息或参数纠正。核证机构应确认项目业主对信息或数据的纠正行为反映项目实际并符合方法学及监测计划。

（3）计入期开始时间变更。核证机构应确认变更的时间点处于更保守的基准线上。

（4）监测计划或方法学永久性变更。核证机构应按照《温室气体自愿减排项目审定与核证指南》的要求对监测计划或方法学永久性变更对项目的影响进行评估，以保守性原则要求项目业主开展相关调整。

（5）项目设计变更。核证机构应现场访问确认该变更不会导致规模、额外性、方法学适用性、监测及监测计划的一致性的变化，否则出具负面审定意见。

九、方法学编制说明

（一）牵头编制单位、联系人及联系方式

牵头单位：湖北大学中国农业暨典型行业碳减排碳交易研究中心。

联系人：张金鑫。

联系方式：zhangjinxin999@foxmail.com。

（二）主要编写人员

主要编写人员见表2-5。

表2-5 主要编写人员

序号	人员姓名	单位名称	专业	职称
1	王红玲	湖北大学中国农业暨典型行业碳减排碳交易研究中心	农业碳减排与碳交易	教授
2	胡荣桂	华中农业大学	土壤过程与环境效应	教授
3	徐祥玉	湖北省农业科学院	作物养分综合管理及施肥环境过程和效应	副研究员
4	张金鑫	湖北大学中国农业暨典型行业碳减排碳交易研究中心	人口、资源与环境经济学	研究员
5	陈洪建	湖北大学中国农业暨典型行业碳减排碳交易研究中心	农业绿色低碳发展	研究员
6	王 海	湖北省碳排放权交易中心有限公司	碳排放与碳交易	研究员
7	胡婉玲	华中农业大学	农林经济管理	—
8	柏振忠	中南民族大学	农林经济管理	教授
9	薛 菲	一合绿碳（湖北）科技有限公司	能源管理与碳交易	正高级工程师

（三）编制背景详细说明

1. 编制目的、编制原则、编制过程，以及数据采集和计算方法选取的考虑

稻田是 CH_4 的主要排放源之一，其排放量约占人为 CH_4 排放总量的 11%（IPCC，2013）。《中华人民共和国气候变化第二次两年更新报告》（2018）显示，CH_4 排放量 2 224.5 万 t，其中水稻种植排放占 40.1%。在 2021 年《联合国气候变化框架公约》第二十六次缔约方大会（COP26）上，包括欧美国家在内的 110 个国家签订了《全球甲烷承诺》，要求到 2030 年 CH_4 减排 30%。在此次会议上，中美达成了强化气候行动的《联合宣言》，双方特别强调通过激励措施和项目减少农业 CH_4 排放。2022 年 6 月我国颁布《农业农村减排固碳实施方案》，水稻 CH_4 减排是行动首选，充分体现共筑"人类命运共同体"的大国责任担当。

本方法学针对水稻种植中大量存在、地势较低、排水困难、非稻季长期处于厌氧状态的一季中稻模式的稻田，因地制宜地改为稻虾模式的稻田，通过挖沟抬高田面、虾子掘洞、非稻季虾沟种植水草等方式，能够有效减少稻田 CH_4 排放（Ma & Lu，2011；程琳等，2015；徐祥玉等，2017；赵考诚等，2021）。该方法学以规范稻虾模式 CH_4 减排评价标准、推动碳交易和促进水稻产业低碳发展为核心目标，对推动水稻 CH_4 碳减排意义重大。湖北大学中国农业暨典型行业碳减排碳交易研究中心和华中农业大学等编制单位在水稻 CH_4 减排领域具有长期科学试验和观测的基础。本方法学稻虾模式 CH_4 减排机理明确，是国内外水稻 CH_4 减排方法学开发的重要进展，可为开发我国该类项目提供技术支撑。

本方法学参考和借鉴了《联合国气候变化框架公约》（UNFCCC）CDM的方法学、工具、方式和程序，《IPCC 2006 年国家温室气体清单指南 2019 修订版》，结合我国水稻种植过程中稻虾模式发展现状，经有关领域的专家学者及利益相关方反复研讨后编制而成，以保证本方法学在遵循国际规则的情况下，又符合我国的生产实际，注重方法学的科学性、合理性和可操作性。

稻虾模式 CH_4 排放可以通过排放因子法、实测法和卫星遥感监测法等多种方法测定，本方法学采用排放因子法和实测法。

2. 方法学的行业背景情况、技术现状

全国水产技术推广总站、中国水产学会、中国水产流通与加工协会联合编写的《中国小龙虾产业发展报告（2022）》显示，2021 年，稻虾种养面积 2 100 万亩，小龙虾产量 220 万 t，面积和产量分别同比增长 10.99%和 6.68%，分别占小龙虾养殖面积和产量的 80.77%和 83.54%；作为稻渔综合种养的最主要模式，稻虾种养分别占全国稻渔综合种养面积及水产品产量的 52.95%和 61.85%。

近年来，稻虾产业受到各级政府高度重视，纷纷出台指导意见、产业规划等各类政策文件，同时在项目和资金等方面予以支持，推动了稻虾产业链持续健康发展。2021 年 11 月，在农业农村部评选的全国农业全产业链典型县中，湖南省南县被评为稻虾全产业链典型县。2022 年 9 月，湖北省潜江市打造"虾-稻"特色产业链构筑现代农业发展高地典型经验获国务院通报表扬。以稳粮和增效为导向，各地积极探索创新稻虾种养模式，加大推广应用，取得显著成效。

稻虾模式将稻田种稻和养虾结合起来，把两个生产场所重叠在一起，充分利用这个生态环境，发挥水稻和虾共生互利的作用，有力保障了粮食安全。这种方式能有效减缓农业面源污染和减少 CH_4 排放，对于促进农业绿色可持续发展、提升水稻产能保障国家粮食安全、推动农业农村温室气体减排、实现我国的"碳达峰""碳中和"目标具有重要意义。

3. 方法学对推动实现"碳达峰""碳中和"目标、促进重点行业节能减排、推进减污降碳协同增效、引导社会绿色低碳发展的重要意义

农业是人类社会生存和国民经济发展的基础，农业生产是全球温室气体排放的第二大重要来源，水稻种植过程中的 CH_4 排放是农业源温室气体排放的重要组成部分。在水稻种植过程中，稻田长期处于淹水条件下，土壤中的有机质会在厌氧条件下被甲烷菌分解而释放出 CH_4。因此，调整供水、改善厌氧条件、增加水中溶解氧等措施成为减少 CH_4 排放的重要方式。稻虾模式将地势较低、排水困难、非稻季处于厌氧状态的一季中稻模式的稻田因地制宜地改为稻虾模式的稻田，从而减少水稻种植中 CH_4 的排放。稻虾模式更有利于土壤对有机碳的固定，从而减少了温室气体的排放，而且稻虾模式相对于其他模式来说本身具有一定的减污降碳协同增效性（帅艳菊，2021）。以 2021 年稻虾种养面积 2 100 万亩为例，共减排 261.26 万 t CO_2e。

本方法学在我国生态文明建设进入以降碳为重点战略方向、推动减污降碳协同增效的关键时期，推动水稻生产技术创新，对减少农业温室气体排放、缓解气候变化、稳定提高作物产量和促进农业可持续生产以保障粮食安全具有重要意义。

4. 方法学所使用的减排技术的成本效益分析

与基准线情景相比，本方法学所使用的减排技术稻虾模式需要农户参加相关的相关生产技术培训，掌握稻虾模式的技术要点，且需要对农田进行相应改造，需要投入一定的成本。但稻虾模式将地势较低、排水困难、非稻季处于厌氧状态的一季中稻模式的稻田因地制宜地改为稻虾模式的稻田，不仅减少水稻种植中 CH_4 的排放，更能一田两收，增加农民的收益。

5. 预测方法学在全国范围内应用的项目前景，估算可实现的减排量

《中国小龙虾产业发展报告（2022）》显示，2021 年，稻虾种养面积为 2 100 万亩。保守估计，稻虾模式 CH_4 排放能够降低 29.02%（徐祥玉等，2017；赵考诚等，2021）。以《省级温室气体清单编制指南（试行）》的中南地区单季稻 CH_4 排放因子推荐值 236.7 kg/hm^2，可以计算出 2021 年稻虾模式至少减排 236.7× 29.02%× 28/1 000× 2 100/15 = 261.26 万 t CO_2e。

第二节 方法学应用项目案例

以"湖北潜江虾稻综合种养温室气体自愿减排项目"为案例,诠释本方法学的实际应用,项目设计文件见表2-6。

表2-6 温室气体自愿减排项目设计文件

项目活动名称	湖北潜江虾稻综合种养温室气体自愿减排项目
项目所属行业领域	农业
项目设计文件版本	V01
项目设计文件完成日期	2023年4月20日
项目业主	潜江市丰汇虾稻连作专业合作社
所选择的方法学	《在水稻种植中通过稻虾模式减少甲烷排放方法学》
计入期类型及起止时间	固定计入期,2023年4月10日—2034年4月9日
预计的温室气体年均减排量	12 782 t CO_2e

一、项目活动描述

(一) 项目活动的目的和概述

1. 项目活动目的

农业是人类社会生存和国民经济发展的基础,农业生产是全球温室气体排放的第二大重要来源,水稻种植过程中的 CH_4 排放是农业源温室气体排放重要组成部分。

湖北潜江虾稻种植温室气体自愿减排项目针对潜江市丰汇虾稻连作专业合作社水稻种植中大量存在,地势较低、排水困难、非稻季长期处于厌氧状态的一季中稻模式的稻田,因地制宜地改为稻虾模式的稻田,通过挖沟抬高田面、虾子掘洞、非稻季虾沟种植水草等方式,减少稻田 CH_4 排放。

2. 项目活动概述

根据《温室气体自愿减排交易管理暂行办法》的有关规定，为减少在水稻种植过程中稻田的 CH_4 排放，规范国内该类项目的设计、减排量的核算与监测工作，确保在水稻种植过程中项目所产生的减排量达到可测量、可报告、可核查的要求，促进国内稻虾模式稻田甲烷减排项目的自愿减排交易，依据《在水稻种植过程中通过稻虾模式减少稻田甲烷排放方法学》（V01）来申报本项目温室气体减排量。本项目改造稻田 10 万亩，通过挖沟、筑埂建造防逃设施。每年 9—10 月，中稻收割后，稻田立即灌水，并每亩投放 1.5 万～3.0 万尾克氏原螯虾虾苗，进行小龙虾养殖。项目每年每亩稻田预计收获 500～600 kg 中稻、140～180 kg 小龙虾。

3. 项目批复情况

本项目结合潜江当地水稻生产特点，依托湖北大学中国农业暨典型行业碳减排碳交易研究中心，在潜江市实施稻虾模式。该项目得到湖北省农业农村厅和当地农业农村局的批准和大力支持，也符合潜江市当地的生产实际。本项目遵循下列规范性文件的规定：

① 《IPCC 2006 年国家温室气体清单指南 2019 修订版》（IPCC，2019）；

② 《土地利用、土地利用变化和林业良好做法指南》（IPCC，2003）；

③ 《土壤检测 第 1 部分：土壤样品的采集、处理和贮存》（NY/T 1121.1—2006）；

④ 《温室气体自愿减排交易管理暂行办法》（国家发展和改革委员会，2012）；

⑤ 《稻渔综合种养生产技术指南》（农业农村部办公厅，2020）；

⑥ 《稻渔综合种养技术规范 第 4 部分：稻虾（克氏原螯虾）》（SC/T 1135.4—2020）；

⑦ 《农业农村部关于推进稻渔综合种养产业高质量发展的指导意见》。

(二) 项目活动位置

1. 省/自治区/直辖市

湖北省潜江市。

2. 市/县/乡（镇）/村

潜江市龙湾镇郑家湖村。

3. 项目地理位置

潜江市位于江汉平原腹地。北依汉水，南临长江，地处汉江下游，跨东荆河与上、下西荆河两岸。地理位置介于东经112°29′~113°01′、北纬30°04′~30°39′之间。由潜江市园林街道沿汉（口）鱼（泉口）公路东至湖北省省会武汉市154 km，西至荆州市75 km。最东端在潜江市东荆河左岸幸福闸之东，最西端在四湖中干渠（总干渠上游段）右岸西黄家台，最南端在五岔河南的窑台，最北端在汉江右岸的刘家伙村。东西长51.3 km，南北宽64.4 km，总面积2 004 km^2。

（三）采用的技术和（或）措施

（1）挖沟。沿稻田田埂外缘向稻田内7~8 m处，开挖环形沟，堤脚距沟2 m开挖，沟宽3~4 m，沟深1.0~1.5 m。稻田面积达到50亩以上的，还要在田中间开挖"一"字形或"十"字形田间沟，沟宽1~2 m，沟深0.8 m，坡比1∶1.5。

（2）筑埂。利用开挖环形沟挖出的泥土加固、加高、加宽田埂。田埂加固时每加一层泥土都要进行夯实。田埂应高于田面0.6~0.8 m，顶部宽2~3 m。

（3）防逃设施。稻田排水口和田埂上应设防逃网。排水口的防逃网应为8孔/cm^2（相当于20目）的网片，田埂上的防逃网可用水泥瓦、防逃塑料膜制作，防逃网高40 cm。

（4）进排水设施。进、排水口分别位于稻田两端，进水渠道建在稻田一端的田埂上，进水口用20目的长网袋过滤进水，防止敌害生物随水流进入。排水口建在稻田另一端环形沟的低处。

（四）项目及减排量唯一性声明

本项目未申报其他任何国际国内温室气体减排机制下的减排项目。

二、采用的基准线情景和监测方法学

（一）采用的方法学

《在水稻种植中通过稻虾模式减少稻田甲烷排放方法学》。

（二）采用方法学的适用性

本项目方法学的适用性分析见表2-7。

表 2-7 适用性分析

适用条件	适用于本项目的理由
开展项目活动的农田权属清晰,具有县级以上人民政府核发的土地权属证书	项目活动农田权属清晰
基准线情景下土地利用方式为常规耕作(一季中稻、冬闲)的稻田,并且稻田地势较低、排水困难、非稻季长期处于厌氧状态的一季中稻模式。双季稻、水旱轮作稻田、各类旱地、非稻虾模式的其他稻田种养模式等不适用于本方法学	项目所属的 10 万亩农田种植一季中稻,且都地势较低、排水困难。在实施稻虾模式之前,所属农田冬季由于积水,基本闲置
项目活动为稻虾模式	项目所属的 10 万亩农田,在收割完一季中稻后,即开始灌水,并投放小龙虾苗,进行小龙虾养殖
项目活动不违反任何国家有关法律、法规和政策措施,且符合国家稻虾种养技术规范	项目活动不违反任何国家有关法律、法规和政策措施,且符合国家稻虾种养技术规范
项目年减排总量小于或者等于 6 万 tCO_2e	项目年减排总量为 12 782 t CO_2e

(三) 项目边界及排放源

项目边界是指项目参与方实施稻虾模式的活动地理范围。一个项目活动可在若干个不同的地块上进行,但每个地块应有特定的地理边界。

项目地理边界是指有虾沟或有虾养殖的稻田。项目边界的空间范围包括项目活动下养虾的所有稻田。边界可采用下述方法进行确定:预先根据公开的卫星地形图,或者采用全球定位系统、北斗卫星导航系统或其他卫星系统直接测定开展项目活动的所有地块的拐点坐标,定位误差不超过 5 m。基准线情景和项目活动包括的温室气体排放源见表 2-8。

表 2-8 基准线情景和项目活动包括的温室气体排放源

类别	排放源	温室气体种类	是否包含	理由/解释
基准线情景	水稻种植田直接排放	CO_2	否	简化排除
		CH_4	是	主要基准线排放源
		N_2O	否	简化排除
	农机化石燃料消耗	CO_2	否	简化排除
		CH_4	否	简化排除
		N_2O	否	简化排除

(续表)

类别	排放源	温室气体种类	是否包含	理由/解释
项目活动	水稻种植稻直接排放	CO_2	否	简化排除
		CH_4	是	主要项目排放源
		N_2O	是	简化排除
	小龙虾养殖	CO_2	否	简化排除
		CH_4	否	简化排除
		N_2O	否	简化排除
	农机化石燃料消耗	CO_2	否	简化排除
		CH_4	否	简化排除
		N_2O	否	简化排除

（四）基准线情景的识别和描述

基准线情景是在没有项目活动的情况下，种植一季中稻的稻田产生的 CH_4 排放。若在同一块稻田，在一个日历年之内（1—12月）只种植了一季水稻且稻田地势较低、排水困难、非稻季长期处于厌氧状态的，则可被识别为基准线情景。本项目首先收集基准线相关资料，如在同一块稻田里，一季中稻的移栽日期、收获日期和水稻产量，然后分析是否满足基准线条件（即对照基准线适用条件）。

（五）额外性论证

本项目年减排量小于2万 t CO_2e，可以免除额外性论证。

（六）减排量核算

1. 核算方法的说明

（1）基准线排放。基准线背景下 CH_4 排放计算参照公式（2-1）。

（2）项目排放计算。项目背景下 CH_4 排放计算参照公式（2-2）。

（3）项目泄漏计算。项目情景下机械化石燃料可能引起少量 CO_2 排放，但本项目中主要涉及的工程是虾沟挖掘，由于工程量小且为一次性挖掘，成型后可以多年使用，均摊到每年的 CO_2 排放则可忽略不计，本方法学重点关注 CH_4 减排，因此在虾沟挖掘方面因使用化石燃料引起的少量 CO_2 排放可忽略不计。同时稻田严格厌氧环境下 N_2O 会被彻底反硝化形成 N_2 释放，因此 N_2O 排放量很低，故 N_2O 排放可以忽略不计。同时，本方法学不考虑项目活动对项目边界外温室气体排放的影响。

2. 项目设计阶段确定的参数和数据

项目设计阶段确定的参数和数据表见 2-9。

表 2-9 设计阶段确定的参数和数据

数据/参数名称	CH_4 排放因子（EF_y）
应用的公式编号	(2-1)
数据描述	基准线情景下一季中稻 CH_4 排放因子
数据单位	kg CH_4/hm^2
数据来源	《省级温室气体清单编制指南（试行）》
数据选用的合理性	国家发展和改革委员会编制的《省级温室气体清单编制指南（试行）》是权威的数据来源，而且该数据由模型 CH4MOD 计算得出
数值（如有）	本项目位于湖北省，根据方法学，取值 236.7
数据用途	用于计算基准线情景一季中稻 CH_4 排放
备注	—
数据/参数名称	CH_4 的全球变暖潜势（GWP_{CH_4}）
应用的公式编号	(2-1)、(2-2)
数据描述	CH_4 的全球变暖潜势
数据单位	—
数据来源	《IPCC 2006 年国家温室气体清单指南 2019 修订版》
数据选用的合理性	《IPCC 2006 年国家温室气体清单指南 2019 修订版》是权威的数据源
数值（如有）	27
数据用途	将 CH_4 转换成二氧化碳当量
备注	—

3. 项目设计阶段减排量估算

（1）基准线排放。基准线排放见表 2-10。

表 2-10 基准线排放

	参数	单位	数值	来源
A	CH_4 排放因子（EF_y）	kg CH_4/hm^2	236.7	《省级温室气体清单编制指南（试行）》
B	AD_y	hm^2	6 666.7	项目参与方报告

(续表)

	参数	单位	数值	来源
C	GWP_{CH_4}	—	27	IPCC 默认值
E	基准线排放（BE_y）	$t\ CO_2e$	42 606	(2-1)

(2) 项目排放。项目情景排放见表 2-11。

表 2-11 项目情景排放

	参数	单位	数值	来源
A	CH_4 排放因子（EF_y）	$kg\ CH_4/hm^2$	165.69	项目参与方实际监测报告
B	AD_y	hm^2	6 666.7	可行性研究报告
C	GWP_{CH_4}	—	27	IPCC 默认值
E	项目情景排放（PE_y）	$t\ CO_2e$	29 824	(2-2)

4. 项目设计阶段估算减排量汇总

项目设计阶段估算减排量见表 2-12。

表 2-12 项目设计阶段预估的项目减排量　　　　　　单位：$t\ CO_2e$

年份	基准线排放	项目排放	泄漏	减排量
2023 年 4 月 10 日—2024 年 4 月 9 日	42 606	29 824	0	12 782
2024 年 4 月 10 日—2025 年 4 月 9 日	42 606	29 824	0	12 782
2025 年 4 月 10 日—2026 年 4 月 9 日	42 606	29 824	0	12 782
2026 年 4 月 10 日—2027 年 4 月 9 日	42 606	29 824	0	12 782
2027 年 4 月 10 日—2028 年 4 月 9 日	42 606	29 824	0	12 782
2029 年 4 月 10 日—2030 年 4 月 9 日	42 606	29 824	0	12 782
2030 年 4 月 10 日—2031 年 4 月 9 日	42 606	29 824	0	12 782
2031 年 4 月 10 日—2032 年 4 月 9 日	42 606	29 824	0	12 782
2032 年 4 月 10 日—2033 年 4 月 9 日	42 606	29 824	0	12 782
2033 年 4 月 10 日—2034 年 4 月 9 日	42 606	29 824	0	12 782
合计	426 060	298 240	0	127 820
计入期内年均值	42 606	29 824	0	12 782

(七) 监测计划

1. 项目实施阶段需监测的参数和数据

项目实施阶段需监测的参数和数据见表2-13。

表2-13 项目实施阶段需监测的参数和数据

数据/参数名称	一季中稻种植面积（AD_y）
应用的公式编号	(2-1)、(2-2)
数据描述	项目情景下一季中稻种植面积
数据单位	hm^2
数据来源	项目参与方报告
监测点要求	—
监测仪表要求	—
监测程序与方法要求	根据县级以上人民政府核发的土地权属证书统计核算面积
监测频次与记录要求	每年更新，分季记录
质量保证/质量控制程序要求	通过卫星遥感手段复核
数据用途	用于计算基准线情景和项目情景下的CH_4排放
备注	—
数据/参数名称	**CH_4排放因子（EF_y）**
应用的公式编号	(2-2)
数据描述	项目情景稻田CH_4排放因子
数据单位	$kg\ CH_4/hm^2$
数据来源	项目参与方实际监测报告
监测点要求	—
监测仪表要求	—
监测程序与方法要求	根据附录2-1"甲烷排放测定指南"的要求进行材料准备、过程实施、样品测定和结果计算，其中箱体材料和制作选择附表2-11的选项1
监测频次与记录要求	每年更新，分季记录
质量保证/质量控制程序要求	见附录2-1
数据用途	用于计算基准线情景和项目情景下的CH_4排放
备注	—
数据/参数名称	**秧苗移栽日期**
应用的公式编号	—

（续表）

数据描述	一季中稻秧苗移栽日期
数据单位	—
数据来源	项目参与方报告
监测点要求	—
监测仪表要求	—
监测程序与方法要求	根据实际秧苗移栽日期报告
监测频次与记录要求	每年更新
质量保证/质量控制程序要求	可通过卫星遥感手段复核
数据用途	用于审定与核查项目活动
备注	—
数据/参数名称	**水稻产量**
应用的公式编号	—
数据描述	一季中稻产量
数据单位	t/hm^2
数据来源	项目参与方报告
监测点要求	—
监测仪表要求	—
监测程序与方法要求	根据水稻收获面积和总产量计算
监测频次与记录要求	每年更新、记录
质量保证/质量控制程序要求	可通过卫星遥感手段复核
数据用途	用于审定与核查项目活动
备注	—
数据/参数名称	**小龙虾产量**
应用的公式编号	—
数据描述	小龙虾产量
数据单位	t/hm^2
数据来源	项目参与方报告
监测点要求	—
监测仪表要求	—
监测程序与方法要求	根据稻虾模式面积和小龙虾总产量计算
监测频次与记录要求	每年更新、记录

（续表）

质量保证/质量控制程序要求	可通过卫星遥感手段复核
数据用途	用于审定与核查项目活动
备注	—
数据/参数名称	**稻田改造**
应用的公式编号	—
数据描述	稻田改造
数据单位	hm^2
数据来源	项目参与方报告
监测点要求	—
监测仪表要求	—
监测程序与方法要求	实地测量田间沟、筑埂长度、高度以及面积等
监测频次与记录要求	每年更新、记录
质量保证/质量控制程序要求	可通过无人机复核
数据用途	用于审定与核查项目活动
备注	—

2. 数据抽样计划

无。

3. 监测计划的其他内容

项目业主将根据本项目选定的监测方法学执行监测程序。此方法学能保证减排和泄漏的记录精确且保守。

项目业主委派现场（项目活动地点）人员负责监测计划中全部监测工作，包括减排量监测、所需信息的收集和记录、质量控制以及核查。

三、项目活动开始日期、寿命期限和计入期

（一）项目活动的开始日期

2023年4月10日（合同签订日期）。

（二）预计的项目活动寿命期限

2023年4月10日—2033年4月9日。

(三) 项目活动计入期

1. 计入期类型

固定计入期，共计 10 年。

2. 计入期开始日期

2023 年 4 月 10 日。

3. 计入期长度

10 年（2023 年 4 月 10 日—2033 年 4 月 9 日）。

四、环境影响及可持续发展

(一) 环境影响分析和可持续发展效益分析

本项目的实施，将推动湖北省水稻种植业和小龙虾养殖产业的发展，调整经济结构，转变经济增长方式，分流安置富余人员，实施再就业工程；实施水稻种植碳汇项目，有助于推动水稻种植生态建设，促进产业转型发展；坚持以人为本的理念，遏制生态环境的恶化、保护生物多样性、促进项目区社会经济的可持续发展；构建比较完善的水稻种植生态体系和比较发达的小龙虾养殖产业体系，为国民经济和林区社会可持续发展作出贡献。

1. 增加收入

本项目的实施，有利于小龙虾种植，增加了稻农收入。

2. 提供就业

稻虾模式共作可提供给当地居民就业机会，解决了当地富余劳动力就业的问题，从而提高当地群众的生活质量。

3. 维护社会稳定

随着生态环境的改善，促进了当地旅游等特色产业，小龙虾的养殖又带动了农家乐等经济项目，为稻农脱贫致富提供了机遇，改善和提升了稻农的生活水平和精神风貌。特色产业的发展，也推动了相关产业（服务业、商业、交通运输等）的繁荣，从而为社会提供了广阔的就业空间，推动了当地经济的可持续发展，促进了社会和谐稳定。

(二) 环境影响评价

不适用。

五、当地利益相关方意见

通过集中访谈以及上门走访的形式对当地利益相关方的意见进行搜集，从搜集结果来看，本项目所涉及的农户均持支持态度，认为通过本项目可以减少环境污染，并且通过开发相关的自愿碳减排项目可以增加他们的收入。潜江市农业农村局非常支持本项目的开展，认为通过实施本项目可以促进潜江市的农业产业发展，并且有助于提高潜江市农业发展的核心竞争力。潜江市每年通过举办小龙虾节来促进相关产业的发展。潜江市龙湾镇郑家湖村委会认为通过发展本项目，可以促进乡村振兴，让更多的劳动力留在村里，让乡村发展更美好。

附录2-1 甲烷排放测定指南

稻田 CH_4 测定要求具备该领域背景的专家，至少是经过专家（如研究机构科研人员）培训的专门人员来实施。本指南不能取代专家的现场指导。专家至少应提出应用本方法学的项目的 CH_4 测定标准。

项目参与方要在生长季开始前制订详细的 CH_4 排放季节测定计划。计划要包括田间和实验室测定时间安排，要统筹安排以方便获取实验室和耕作日志。此计划同时还要包括参照稻田的详细信息，如特定位置、气候、土壤、水分管理、施肥管理（包括有机肥施用）等。

下述内容依据从田间观测到排放因子计算的步骤而制定。项目参与方要确保采用相同方法并同时对项目和参照稻田进行观测。附表2-1至附表2-3为田间观测及实验室可选择的方案。

附表2-1 田间观测——箱法设计技术选项

特性	条件	
箱体材料	选项1：不透明材料 • 商用 PVC 容器或加工制品（如电镀金属）； • 喷白漆或外敷反光材料（防止内部升温过快）； • 只限于短时间使用（一般 30 min）	选项2：透明材料 • 有机玻璃； • 透明箱的优点：如果配备顶盖，在观测和闲置时分别可关闭和打开，透明箱可长时间放置于田间
测定箱在稻田中的放置	选项1：固定底座 • 利用耐腐蚀材料制成的底座可整个生长季放置于田间； • 底座应满足严格的箱体密封条件； • 底座下端插入土壤的部分要设有小孔，以保证内外水分交流； • 至少早于首次取样前 24 h 将底座安置于田间	选项2：无底座 • 该种箱体直接插入土壤中，要有可开启的顶盖以保证释放气泡中的 CH_4 和测量的准确性
箱体附属装置	• 温度计：测量箱内温度； • 电扇：取样期间混合箱内空气（干电池供电）； • 取样口：箱体小口处安置橡胶塞以取样	
底面积	长方形或圆形，最小面积要覆盖四蔸水稻（最小面积应大于 $0.1\ m^2$）	
高度	选项1：固定高度 • 总高度要超过植株高度（底座凸起部分加箱体）	选项2：可调节高度 • 根据作物生长调节箱体高度； • 箱体设计不同高度或组合

附表 2-2 田间观测——气体取样

特性	条件
每个区组箱体重复数	最低要求：每个小区 3 个重复
每次箱体密闭后取样次数	最低要求：3 次
密闭时间	30 min
取样时间	上午（9:00—11:00）
取样间隔	最低要求：每周 1 次
注射器	取样前进行检漏等工作 最好装配三通阀以方便操作
待测样品保存时限	小于 24 h：可持续使用注射器保存； 大于 24 h：将样品转移至真空瓶，以轻度高压保存

附表 2-3 实验室分析

特性	条件
方法	配备氢火焰离子化检测器（FID）的气相色谱
进样	直接进样或阀进样
分析柱	填充柱（分子筛等）或毛细柱
校正	每天分析前后用有资质的标准气体校正

计算区组排放速率（参照稻田）

利用下列公式计算每个气体分析的 CH_4 排放。

$$m_{CH_4,t} = c_{CH_4,t} \times V_{Chember} \times M_{CH_4} \times \frac{1}{R \times T_t \times 1\,000} \tag{2.1}$$

其中：

$m_{CH_4,t}$——t 时间箱内 CH_4 质量，mg；

t——取样时间点（如 30 min 内 3 次取样的 0 min、15 min 和 30 min）；

$c_{CH_4,t}$——t 时间箱内 CH_4 浓度，μg/L；

$V_{Chember}$——密闭性体积，L；

M_{CH_4}——CH_4 摩尔质量，16 g/mol；

1——在未装气压计情况下，假设气压无变化，采用 1 个标准大气压（1 atm＝101.325 kPa）；

R——通用气体常数，0.082 06 L·atm/（K·mol）；

T_t——t 时间箱内温度，K。

通过相关软件（如 Excel）确定 m_{CH_4} 的最佳拟合曲线：

$$s = \frac{\Delta m_{CH_4}}{\Delta t} \tag{2.2}$$

其中：

s——最佳拟合曲线的斜率，mg/min；

Δm_{CH_4}——两次测量时间内 CH_4 量变化值，mg；

Δt——两次测量的时间差，h。

计算每次箱法观测的 CH_4 排放速率：

$$RE_n = s \times 60/A_{Chember} \tag{2.3}$$

其中：

RE_n——密闭箱的 CH_4 排放速率，mg/（h·m²）；

s——最佳拟合曲线的斜率，mg/min；

n——同一区组重复箱体编号索引；

$A_{Chember}$——密闭箱底面积，m²。

每一区组 CH_4 平均排放速率的计算：

$$RE_{plot} = \frac{\sum_{n=1}^{N} RE_n}{N} \tag{2.4}$$

其中：

RE_{plot}——每一区组平均排放速率，mg/（h·m²）；

n——同一区组重复箱体编号索引；

N——该区组内密闭箱重复数。

其他步骤：从每次观测计算的区组平均排放速率，将其积分计算整个生长季排放因子。

最简单的方法是将排放速率乘以每次观测间隔的时间。将单位 mg/m² 乘以 0.01 以换算为 kg/hm²。

附录2-2 申请项目备案的企业法人联系信息

申请项目备案的企业法人联系信息见附表2-4。

附表2-4 申请项目备案的企业法人联系信息

法人名称：	潜江市丰汇虾稻连作专业合作社
地址：	潜江市龙湾镇郑家湖村
邮政编码：	433100
电话：	—
传真：	—
电子邮件：	—
网址：	—
授权代表姓名：	陈昌娇
职务：	办公室主任
部门：	—
手机：	—
传真：	—
电话：	—
电子邮件：	—

第三章

农村有机废弃物可控发酵制沼气及综合利用减少温室气体排放方法学

第一节 方法学

一、引言

农村碳减排具有重要意义,而农村作物秸秆自然腐烂与畜禽粪便开放发酵,已成为我国农业温室气体排放不可忽视的重要源头之一。将作物秸秆与畜禽粪便协同转化为清洁可再生能源是农村减污降碳的发展趋势,其中可控厌氧发酵制取沼气是其能源化利用的重要途径之一,对沼气进一步提质得到高品位生物天然气、热力、电力,可替代化石能源使用。但是,现有已备案减少有机废弃物温室气体排放项目方法学,如适用于工业有机废水的《CM-007-V01 工业废水处理过程中温室气体减排(第一版)》、针对小规模的《CMS-016-V01 通过可控厌氧分解进行甲烷回收(第一版)》、面向养殖场动物粪便的《CMS-021-V01 动物粪便管理系统甲烷回收(第一版)》、限于个体农户或小农场的《CMS-026-V01 家庭或小农场农业活动甲烷回收(第一版)》等,均无法直接应用于覆盖作物秸秆、畜禽粪便等农村有机废弃物的资源化项目,而且这些方法学所涉及项目都未关注沼气的进一步提质利用,如发电、产热等,难以适应"碳达峰""碳中和"背景下废弃生物质替代化石能源利用的发展趋势。

根据《温室气体自愿减排交易管理暂行办法》的有关规定,为减少农村作物秸秆自然腐烂与畜禽粪便开放发酵的 CH_4 排放,规范国内农村有机废弃物可控发酵制沼气提质产生物天然气、热、电的温室气体减排项目的设计、减排量的核算与监测工作,确保生物质发酵制气和提质过程中项目所产生的减排量达到可测量、可报告、可核查的要求,湖北大学中国农业暨典型行业碳减排碳交易研究中心联合湖北碳排放权交易中心有限公司、一合绿碳(湖北)科技有限公司、湖北绿鑫生态科技有限公司,结合国家能源战略发展规划,遵循科学性、准确性、保守性、适用性、可操作性和前瞻性原则,依托国家发展和改革委员会与农业农村部联合批复的具有较为显著的温室气体减排效果和低碳示范效应的"规模化生物天然气产业融合发展试点建设项目",专门针对作物秸秆、畜禽粪便等农村有机废弃物的可控发酵及沼气综合利用,编制本方法学。本方法学为新方法学,所属领域为农业,在 CDM、GS 和 VCS 批准的或审议中的方法学中没有农村有机废弃物可控发酵综合利用类别的方法学。

本方法学适用于温室气体自愿减排交易体系下以降低 CH_4 排放和沼气能源化利用为主要目的的温室气体减排的计量与监测。项目活动为农村有机废弃物可控发酵并综合利用,基准线情景为作物秸秆自然腐烂并向大气释放 CH_4、畜禽粪便开放发酵并向大气释放 CH_4,以及化石源天然气、电力、热力应用。本方法学所述项目若年减排量小于 2 万 t CO_2e 可免除额外性论证,若年减排量为 2 万~6 万 t CO_2e,其额外性按简化论证考虑。

本方法学使用可控发酵技术,利用作物秸秆、畜禽粪便等原料厌氧产沼气并进一步加工制取生物天然气、发电和/或供热,减少化石燃料使用,具有显著的社会效益和生态效益。

本方法学所使用减排技术和工程建设的项目在实现资源循环综合利用的同时,还将解决弃置秸秆、畜禽粪便的污染难题,保护农村的生态环境,变废为稳定可靠的清洁能源,为农村生态建设、农业循环经济发展和绿色 CDP 的创造探索出了一种新模式,符合国家农村农业政策,符合可持续发展的理论,将极大程度地实现生态建设、经济建设、社会发展和人民幸福的多赢。

二、适用条件

(1)本方法学适用于农村有机废弃物,原料收集半径不超过 25 km,可以单一成分投料,也可混合两种或两种以上成分投料。

(2)本方法学适用于有组织地采用过程可控的发酵工艺的项目。

(3)本方法学适用于以沼气为最终产品,或以之为中间产物进一步生产生物天然气、热力、电力中的一种或者多种。

(4)本方法学仅适用于年减排量小于或等于 6 万 t CO_2e 的项目。

三、引用文件

本方法学在使用过程参考以下工具的最新版本：

① 《IPCC 2006 年国家温室气体清单指南 2019 修订版》（IPCC，2019）；
② CDM-EB 批准的《基准线情景识别与额外性论证组合工具》；
③ CDM-EB 批准的《电力系统排放因子计算工具》；
④ CDM-EB 批准的《电力消耗导致的基准线、项目和/或泄漏排放计算工具》；
⑤ CDM-EB 批准的《化石燃料燃烧导致的项目或泄漏二氧化碳排放工具》；
⑥ CDM-EB 批准的《额外性论证和评价工具》；
⑦ 《固体废弃物处理站的排放计算工具》；
⑧ 《温室气体自愿减排项目审定与核证指南》；
⑨ 饱和蒸汽热焓表；
⑩ 过热蒸汽热焓表；
⑪ 常见化石燃料特性参数缺省值；
⑫ GB/T 384《石油产品热值测定法》；
⑬ GB/T 22723《天然气能量的测定》。

四、术语与定义

本方法学的相关定义如下。

农村有机废弃物：主要指以农村常见作物秸秆、畜禽粪便为主的有机废弃物。其中，作物秸秆指小麦、水稻、玉米及其他农作物收获籽实后的剩余物质；畜禽粪便指猪、牛、羊、鸡、鸭及其他种类畜禽养殖过程中产生粪便。

原料收集阶段：将多个存放地点的农村有机废弃物收集进入运输设施的过程。

原料运输阶段：将农村有机废弃物从收集地点通过运输设施运送到存储地点，以及从存储地点运送到可控发酵地点，或者直接从收集地点运送到可控发酵地点的过程。

可控发酵阶段：农村有机废弃物进厂后，从预处理开始，历经匀浆进料、发酵、固液分离、收集等可控操作单元，获得沼气与沼渣的过程。

沼气产生物天然气阶段：采用吸附法、高压水洗法（物理吸收法）、化学吸收法（胺洗法）、膜分离法等中的一种或几种技术来提纯净化沼气，使之达到天然气质量的过程。

沼气燃烧发电阶段：将农村有机废弃物发酵产生的沼气引到沼气发电机组燃烧，产生的热能转化为机械能，再转化为电能的过程。

沼气燃烧供热阶段：将农村有机废弃物发酵产生的沼气引到沼气燃烧锅炉燃烧，产生的热能以热水或蒸汽形式输出的过程。

沼气燃烧热电联产阶段：将农村有机废弃物发酵产生的沼气引到沼气热电联产机组燃烧，产生的热能转化为机械能，再转化为电能，同时进行余热回收，回收的热能以热水或蒸汽形式输出的过程。

应急燃烧火炬：在产气量过大、设备检修等情况时，用于沼气与生物天然气应急燃烧的设备。

五、项目边界及排放源

项目边界包括从农村有机废弃物收集到生物天然气、热、电产品输出所投入的需要消耗或产生热、电、燃料的设备设施以及相关系统所在的地理边界，具体涉及：

①项目活动不存在时，农村有机废弃物的存放地点；
②项目农村有机废弃物收集后的存储地点；
③将农村有机废弃物从其存放地点运输到项目存储地点的路径；
④项目农村有机废弃物进行可控发酵制沼气地点；
⑤将农村有机废弃物从存储地点运输到可控发酵制沼气地点的路径；
⑥项目沼气产生物天然气的地点；
⑦与项目活动连接的天然气管网；
⑧项目沼气燃烧发电的地点；
⑨与项目活动连接的电网；
⑩项目沼气燃烧产热的地点；
⑪与项目活动连接的热网。

基准线情景和项目活动包括的温室气体排放源见表3-1。

表 3-1 基准线情景和项目活动包括的温室气体排放源

类别	排放源	温室气体种类	是否包括	理由/解释
基准线情景	作物秸秆自然腐烂排放	CO_2	排除	假定作物秸秆排放 CO_2 不会导致碳库变化
		CH_4	包括	作物秸秆开放厌氧发酵排放 CH_4
		N_2O	排除	因简化而排除。假定该排放源很小
	畜禽粪便开放发酵排放	CO_2	排除	假定畜禽粪便排放 CO_2 不会导致碳库变化
		CH_4	包括	畜禽粪便开放厌氧发酵排放 CH_4
		N_2O	排除	因简化而排除。假定该排放源很小
	与项目并网生物天然气相当量天然气的排放	CO_2	包括	化石天然气燃烧会排放 CO_2
		CH_4	排除	管网泄漏和通风引起的 CH_4 排放,本项目实施对其没有影响,故不考虑
		N_2O	排除	因简化而排除。假定该排放源很小
	与项目并网热力相当的热网热力的排放与项目	CO_2	包括	产热过程消耗化石燃料会排放 CO_2
		CH_4	排除	因简化而排除。假定该排放源很小
		N_2O	排除	因简化而排除。假定该排放源很小
	并网电力相当的电网电力的排放	CO_2	包括	发电过程消耗化石燃料会排放 CO_2
		CH_4	排除	因简化而排除。假定该排放源很小
		N_2O	排除	因简化而排除。假定该排放源很小
项目活动	农村有机废弃物的收集排放	CO_2	包括	收集过程消耗电力和/或燃料会排放 CO_2
		CH_4	排除	因简化而排除。假定该排放源很小
		N_2O	排除	因简化而排除。假定该排放源很小
	从收集地点到存储地点的农村有机废弃物运输排放	CO_2	包括	运输过程消耗电力和/或燃料会排放 CO_2
		CH_4	排除	因简化而排除。假定该排放源很小
		N_2O	排除	因简化而排除。假定该排放源很小
	农村有机废弃物存储排放	CO_2	排除	假定农村有机废弃物排放 CO_2 不会导致碳库变化
		CH_4	排除	因简化而排除。当作物秸秆储存时间不超过 1 年,而畜禽粪便储存时间不超过 45 天,假定该排放源很小
		N_2O	排除	因简化而排除。假定该排放源很小
	从农村有机废弃物存储地点到可控发酵提质产热和/或电地点的运输排放	CO_2	包括	运输过程消耗电力和/或燃料会排放 CO_2
		CH_4	排除	因简化而排除。假定该排放源很小
		N_2O	排除	因简化而排除。假定该排放源很小

(续表)

类别	排放源	温室气体种类	是否包括	理由/解释
项目活动	农村有机废弃物可控发酵制沼气排放	CO_2	包括	生产过程消耗电力和/或燃料会排放 CO_2
		CH_4	包括	物理泄漏所产生的 CH_4 排放
		N_2O	排除	因简化而排除。假定该排放源很小
	沼气产生物天然气排放	CO_2	包括	假定农村有机废弃物发酵产生 CO_2 不会导致碳库变化,可排除。但是提纯生产过程消耗电力和/或燃料排放 CO_2 应包括
		CH_4	包括	物理泄漏所产生的 CH_4 排放
		N_2O	排除	因简化而排除。假定该排放源很小
	沼气燃烧发电排放	CO_2	包括	假定沼气燃烧排放 CO_2 不会导致碳库变化;而其他操作因消耗电力和/或燃料会排放 CO_2
		CH_4	包括	物理泄漏所产生的 CH_4 排放
		N_2O	排除	因简化而排除。假定该排放源很小
	沼气燃烧产热排放	CO_2	包括	假定沼气燃烧排放 CO_2 不会导致碳库变化;而其他操作因消耗电力和/或燃料会排放 CO_2
		CH_4	包括	物理泄漏所产生的 CH_4 排放
		N_2O	排除	因简化而排除。假定该排放源很小
	沼气燃烧发电联产热排放	CO_2	包括	假定沼气燃烧排放 CO_2 不会导致碳库变化;而其他操作因消耗电力和/或燃料会排放 CO_2
		CH_4	包括	物理泄漏所产生的 CH_4 排放
		N_2O	排除	因简化而排除。假定该排放源很小
	生物天然气到天然气管网输运排放	CO_2	据项目业主方选用输运形式确定	管道运输,假定该排放源很小,可因简化而排除;槽罐车运输,消耗电力和/或燃料会排放 CO_2
		CH_4	包括	物理泄漏所产生的 CH_4 排放
		N_2O	排除	因简化而排除。假定该排放源很小
	沼气电力到电网输运排放	CO_2	排除	输电线路传输,因简化而排除。假定该排放源很小
		CH_4	排除	因简化而排除。假定该排放源很小
		N_2O	排除	因简化而排除。假定该排放源很小

(续表)

类别	排放源	温室气体种类	是否包括	理由/解释
项目活动	沼气热力到热网输运排放	CO_2	据项目业主方选用输运形式确定	蒸汽输运，假定该排放源很小，因简化而排除；泵送热水，消耗电力和/或燃料排放 CO_2
		CH_4	排除	因简化而排除。假定该排放源很小
		N_2O	排除	因简化而排除。假定该排放源很小
	应急火炬燃烧排放	CO_2	排除	假定沼气燃烧排放 CO_2 不会导致碳库变化
		CH_4	包括	物理泄漏所产生的 CH_4 排放
		N_2O	排除	因简化而排除。假定该排放源很小
	农村有机废弃物生产沼气剩余沼渣排放	CO_2	排除	假定农村有机废弃物源 CO_2 不会导致碳库变化
		CH_4	包括	剩余沼渣的 CH_4 排放，属于泄漏
		N_2O	排除	因简化而排除。假定该排放源很小

六、减排量核算方法学

1. 基准线情景识别

本项目主要考虑 5 个方面的基准线情景：一是作物秸秆自然腐烂并向大气释放 CH_4；二是畜禽粪便开放发酵并向大气释放 CH_4；三是天然气利用；四是发电；五是供热。在识别基准线情景时应使用最新版的《基准线情景识别与额外性论证组合工具》，根据所有现实可行的替代方案确定最合理的基准线情景，其中应考虑的基准线替代方案如下。

M1：拟议项目活动不作为自愿减排项目活动。

M2：作物秸秆自然腐烂并向大气释放 CH_4。

M3：作物秸秆作为其他项目用途，如造纸、合成板、（热）化学利用等。

M4：畜禽粪便开放发酵并向大气释放 CH_4。

M5：畜禽粪便作为其他项目用途，如堆肥、（热）化学利用等。

M6：利用传统化石源天然气。

M7：利用非化石源天然气，如 CO_2 还原所产天然气等。

M8：利用传统化石燃料燃烧发电。

M9：利用太阳能、风能、地热能、潮汐能等转化发电。
M10：利用生物质热化学转化发电。
M11：利用传统化石燃料燃烧供热。
M10：利用太阳能、风能、地热能、潮汐能等转化供热。
M11：利用生物质热化学转化供热。

若一个或多情景被排除，应对结论进行适当解释和证明。本方法学适用于基准线情景为 M2 与 M4、M6、M8、M11 中的一种或多种组合的项目。

2. 额外性论证

若项目活动年减排量小于 2 万 tCO_2e，考虑其减排效果明显、社会和生态效益好，但由于规模太小，经济吸引力不够，额外性按免于论证考虑。

若项目活动年减排量为 2 万~6 万 tCO_2e，考虑其减排效果明显、社会和生态效益好，有一定规模效应，但经济吸引力可能不够，额外性按简化论证考虑。其中，简化论证重点从投资分析方面进行。如未考虑减排机制可能带来的效益时，其投资回报率低于社会无风险收益率则认为其具有额外性。其中，投资回报率可采用内部收益率（IRR）或净现值作为投资分析的财务指标，社会无风险收益率=纯粹利率+通货膨胀附加率。

3. 基准线排放计算

基准线排放包括基准线情景下，作物秸秆自然腐烂、畜禽粪便开放发酵及因传统天然气使用和/或利用化石燃料燃烧发电、供热而引起的 CO_2、CH_4 等温室气体的排放；而国家或地方的安全要求或法律法规中要求必须进行捕集、转化为燃料或燃烧的 CH_4 排放，在计算基准线排放时须予以排除。基准线情景下温室气体排放总量计算公式如下：

$$BE_y = BE_{straw,y} + BE_{excrement,y} + BE_{bio-naturalgas,y} + BE_{electricpower,y} + BE_{heatpower,y}$$

(3-1)

其中：

BE_y——在 y 年基准线情景下温室气体排放总量，tCO_2e；

$BE_{straw,y}$——在 y 年基准线情景下，项目处理量的作物秸秆自然腐烂产生的温室气体排放量，tCO_2e；

$BE_{excrement,y}$——在 y 年基准线情景下，项目处理量的畜禽粪便开放发酵产生的温室气体排放量，tCO_2e；

$BE_{bio-naturalgas,y}$——在 y 年基准线情景下，与项目并网生物天然气相当量天然气的温室气体排放量，tCO_2e；

$BE_{electricpower,y}$——在 y 年基准线情景下，与项目并网电力相当的电网电力的温室气体排放量，t CO_2e；

$BE_{heatpower,y}$——在 y 年基准线情景下，与项目并网热力相当的热网热力的温室气体排放量，t CO_2e。

（1）基准线情景下，项目处理量的作物秸秆自然腐烂的温室气体排放计算：

$$BE_{straw,y} = \sum_{r=1}^{R} M_{r,straw,y} \times (1 - \omega_{r,straw,y}) \times EF_{r,straw,CH_4} \times GWP_{CH_4}$$

(3-2)

其中：

$BE_{straw,y}$——在 y 年基准线情景下，项目处理量的作物秸秆自然腐烂产生的温室气体排放量，t CO_2e；

$M_{r,straw,y}$——在 y 年项目第 r 类作物秸秆的处理量，t；

$\omega_{r,straw,y}$——在 y 年第 r 类作物秸秆平均湿度，%；

$EF_{r,straw,CH_4}$——第 r 类作物秸秆干物质基准线情景下的 CH_4 排放潜力，可用排放最大值与保守因子的乘积估算，t CH_4/t；

GWP_{CH_4}——CH_4 的全球变暖潜势。

（2）基准线情景下，项目处理量的畜禽粪便开放发酵的温室气体排放计算：

$$BE_{excrement,y} = \sum_{c=1}^{C} M_{c,excrement,y} \times (1 - \omega_{c,excrement,y}) \times EF_{c,excrement,CH_4} \times GWP_{CH_4}$$

(3-3)

其中：

$BE_{excrement,y}$——在 y 年基准线情景下，项目处理量的畜禽粪便开放发酵产生的温室气体排放量，t CO_2e；

$M_{c,excrement,y}$——在 y 年项目第 c 类畜禽粪便的处理量，t；

$\omega_{c,excrement,y}$——在 y 年第 c 类畜禽粪便平均湿度，%；

$EF_{c,excrement,CH_4}$——第 c 类畜禽粪便干物质基准线情景下的 CH_4 排放潜力，t CH_4/t；

GWP_{CH_4}——CH_4 的全球变暖潜势。

（3）基准线情景下，与项目并网生物天然气相当量天然气的温室气体排放计算：

$$BE_{bio-naturalgas,y} = C_{bio-naturalgas,y} \times NCV_{bio-naturalgas,y} \times EF_{naturalgas,y}$$ (3-4)

其中：

$BE_{bio-naturalgas,y}$——在 y 年基准线情景下，与项目并网生物天然气相当量天然气的温室气体排放量，$t\ CO_2e$；

$C_{\text{bio-naturalgas},y}$——在 y 年项目生物天然气并网量，m^3；

$NCV_{\text{bio-naturalgas},y}$——在 y 年项目生物天然气净热值，MJ/m^3；

$EF_{\text{naturalgas},y}$——在 y 年天然气供气排放因子，$t\ CO_2e/MJ$。

（4）基准线情景下，与项目并网电力相当的电网电力的温室气体排放计算：

$$BE_{\text{electricpower},y} = C_{\text{electricpower},y} \times EF_{\text{electricpower},y} \tag{3-5}$$

其中：

$BE_{\text{electricpower},y}$——在 y 年基准线情景下，与项目并网电力相当的电网电力的温室气体排放量，$t\ CO_2e$；

$C_{\text{electricpower},y}$——在 y 年项目并网电力，MWh；

$EF_{\text{electricpower},y}$——在 y 年区域电网年平均供电排放因子，$t\ CO_2e/MWh$。

（5）基准线情景下，与项目并网热力相当的热网热力的温室气体排放计算：

$$BE_{\text{heatpower},y} = C_{\text{heatpower},y} \times EF_{\text{heatpower},y} \tag{3-6}$$

其中：

$BE_{\text{heatpower},y}$——在 y 年基准线情景下，与项目并网热力相当的热网热力的温室气体排放量，$t\ CO_2e$；

$C_{\text{heatpower},y}$——在 y 年项目并网热力，MJ；

$EF_{\text{heatpower},y}$——在 y 年区域热网年平均供热排放因子，$t\ CO_2e/MJ$。

4. 项目排放计算

项目温室气体排放总量等于边界内所有运输过程中（包括作物秸秆、畜禽粪便、生物天然气、热水、沼渣等的运输过程）消耗化石燃料、电力的排放，工程运行过程中（包括农村有机废弃物发酵制沼气、沼气提纯产生物天然气、沼气燃烧发电和/或产热等过程）消耗化石燃料、电力、热力的排放。计算公式为：

$$PE_y = PE_{\text{transportation},y} + PE_{\text{operation},y} \tag{3-7}$$

其中：

PE_y——在 y 年项目温室气体排放总量，$t\ CO_2e$；

$PE_{\text{transportation},y}$——在 y 年项目所有运输过程中温室气体排放量，$t\ CO_2e$；

$PE_{\text{operation},y}$——在 y 年项目所有工程运行过程中温室气体排放量，$t\ CO_2e$。

（1）项目情景下，所有运输过程中温室气体排放量计算，主要是运输作物秸秆、畜禽粪便、生物天然气、热水、沼渣等的排放。计算公式为：

$$\mathrm{PE}_{\mathrm{transportation},y} = \sum_{o=1}^{O} \sum_{p=1}^{P} C_{\mathrm{transportation},p,y} \times D_{o,p} \times \mathrm{EF}_{p,y} \quad (3-8)$$

其中：

$\mathrm{PE}_{\mathrm{transportation},y}$——在 y 年项目所有运输过程中温室气体排放量，$t\ CO_2e$；

$C_{\mathrm{transportation},p,y}$——在 y 年项目运输第 p 类物质的量，t；

$D_{o,p}$——在 y 年第 p 类材料通过第 o 类车辆运输的平均运输距离，km；

$\mathrm{EF}_{p,y}$——在 y 年第 p 类运输车辆单位质量单位运输距离碳排放因子，$t\ CO_2e/(t \cdot km)$。

（2）项目情景下，所有工程运行过程中温室气体排放量计算，主要是农村有机废弃物发酵制沼气、沼气提纯产生物天然气、沼气燃烧发电和/或产热等过程消耗化石燃料、电力、热力的排放。计算公式为：

$$\mathrm{PE}_{\mathrm{operation},y} = \sum_{q=1}^{Q} C_{\mathrm{operation},q,y} \times \mathrm{NCV}_{q,y} \times \mathrm{EF}_{q,y}$$
$$+ C_{\mathrm{operation,electricpower},y} \times \mathrm{EF}_{\mathrm{electricpower},y} + C_{\mathrm{operation,heatpower},y} \times \mathrm{EF}_{\mathrm{heatpower},y}$$
$$(3-9)$$

其中：

$\mathrm{PE}_{\mathrm{operation},y}$——在 y 年项目所有工程运行过程中温室气体排放量，$t\ CO_2e$。

$C_{\mathrm{operation},q,y}$——在 y 年项目工程运行过程中消耗第 q 类燃料的量，t；

$\mathrm{NCV}_{q,y}$——在 y 年第 q 类燃料净热值，MJ/t；

$\mathrm{EF}_{q,y}$——在 y 年第 q 类燃料的碳排放因子，$t\ CO_2e/MJ$；

$C_{\mathrm{operation,electricpower},y}$——在 y 年项目工程运行过程中消耗的电力，MWh；

$\mathrm{EF}_{\mathrm{electricpower},y}$——在 y 年化石电力排放因子，$t\ CO_2e/MWh$；

$C_{\mathrm{operation,heatpower},y}$——在 y 年项目工程运行过程中消耗化石热力，MJ/t；

$\mathrm{EF}_{\mathrm{heatpower},y}$——在 y 年化石热力供应的排放因子，$t\ CO_2e/MJ$。

5. 项目泄漏计算

本项目将农村有机废弃物制沼气及综合利用过程中因物理泄漏和剩余沼渣排出泄漏总量计算公式如下：

$$\mathrm{LE}_y = \mathrm{LE}_{\mathrm{marshgas},y} + \mathrm{LE}_{\mathrm{residue},y} \quad (3-10)$$

其中：

LE_y——在 y 年项目情景下温室气体泄漏总量，$t\ CO_2e$；

$\mathrm{LE}_{\mathrm{marshgas},y}$——在 y 年项目情景下农村有机废弃物制沼气及综合利用泄漏温室气体量，$t\ CO_2e$；

$LE_{residue,y}$——在 y 年项目情景下农村有机废弃物发酵副产物沼渣排出所泄漏温室气体量，t CO_2e。

（1）项目情景下，农村有机废弃物制沼气及综合利用过程中因物理泄漏温室气体量，事前按（3-11）估算，事后按（3-12）计算。

$$LE_{marshgas,y} = 0.05 \times C_{marshgas,theoretical,y} \times \omega_{CH_4,theoretical,y} \times 0.00067 \times GWP_{CH_4} \quad (3-11)$$

$$LE_{marshgas,y} = \frac{0.05}{(1-0.05)} \times C_{marshgas,effective,y} \times \omega_{CH_4,effective,y} \times 0.00067 \times GWP_{CH_4} \quad (3-12)$$

其中：

$LE_{marshgas,y}$——在 y 年项目情景下农村有机废弃物制沼气及综合利用泄漏温室气体量，t CO_2e；

0.05——默认 CH_4 泄漏因子，m^3 泄漏量/m^3 产量；

$C_{marshgas,theoretical,y}$、$C_{marshgas,effective,y}$——分别为在 y 年项目沼气理论产量和有效产量，m^3；

$\omega_{CH_4,theoretical,y}$、$\omega_{CH_4,effective,y}$——分别为在 y 年项目理论产沼气和有效产沼气中甲烷质量分数；

0.00067——CH_4 密度，t/m^3；

GWP_{CH_4}——CH_4 的全球变暖潜势。

（2）沼渣泄漏$LE_{residue,y}$与在 y 年项目沼渣产量$C_{residue,y}$有关，在厌氧条件下储存和/或在垃圾填埋场处置过程产生的 CH_4 排放（作为本项目的泄漏）应参考最新版《固体废弃物处理站的排放计算工具》进行计算。

6. 项目减排量核算

项目减排量以如下公式核算：

$$RE_y = BE_y - PE_y - LE_y \quad (3-13)$$

其中：

RE_y——在 y 年项目情景下温室气体减排总量，t CO_2e；

BE_y——在 y 年基准线情景下温室气体排放总量，t CO_2e；

PE_y——在 y 年项目情景下温室气体排放总量，t CO_2e；

LE_y——在 y 年项目情景下温室气体泄漏总量，t CO_2e。

七、监测方法学

（一）项目设计阶段确定的参数和数据

拟议项目在设计阶段应确定的参数和数据见表3-2。

表 3-2　项目设计阶段确定的参数和数据

数据/参数名称	CH_4 排放潜力（$EF_{r,straw,CH_4}$）
应用的公式编号	(3-2)
数据描述	第 r 类作物秸秆干物质基准线情景下的 CH_4 排放潜力，可用排放最大值与保守因子的乘积估算
数据单位	t CH_4/t
数据来源	IPCC 最新默认值、研究报告、试验数据、统计数据等（排序为选取优先序）
数据选用的合理性	—
数值（如有）	—
数据用途	用于计算基准线情景下项目处理量的作物秸秆自然腐烂的温室气体排放
备注	—
数据/参数名称	CH_4 排放潜力（$EF_{c,excrement,CH_4}$）
应用的公式编号	(3-3)
数据描述	第 c 类畜禽粪便干物质基准线情景下的 CH_4 排放潜力
数据单位	t CH_4/t
数据来源	IPCC 最新默认值、研究报告、试验数据、统计数据等（排序为选取优先序）
数据选用的合理性	—
数值（如有）	—
数据用途	用于计算基准线情景下项目处理量的畜禽粪便开放发酵的温室气体排放
备注	—
数据/参数名称	平均运输距离（$D_{o,p}$）
应用的公式编号	(3-3)
数据描述	在 y 年，第 p 类材料通过第 o 类车辆运输的平均运输距离
数据单位	km
数据来源	可行性研究报告
数据选用的合理性	—
数值（如有）	—
数据用途	用于计算项目所有工程运行过程中温室气体排放
备注	—

（二）项目实施阶段需监测的参数和数据

拟议项目在实施阶段需进行监测的参数和数据见表 3-3。

表3-3 项目实施阶段需监测的参数和数据

数据/参数名称	秸秆的处理量（$M_{r,\text{straw},y}$）
应用的公式编号	(3-2)
数据描述	在 y 年，项目第 r 类作物秸秆的处理量
数据单位	t
数据来源	项目监测设备或运行记录
监测点要求	—
监测仪表要求	—
监测程序与方法要求	称重
监测频次与记录要求	连续监测
质量保证/质量控制程序要求	测量设备要定期校验以保证精度
数据用途	用于计算基准线情景下项目处理量的作物秸秆自然腐烂的温室气体排放
备注	—
数据/参数名称	秸秆平均湿度（$\omega_{r,\text{straw},y}$）
应用的公式编号	(3-2)
数据描述	在 y 年，第 r 类作物秸秆平均湿度
数据单位	%
数据来源	项目监测设备或运行记录
监测点要求	—
监测仪表要求	天平、烘箱
监测程序与方法要求	按照农村有机废弃物种类分批次检测，监测期内采用平均值
监测频次与记录要求	分批次检测
质量保证/质量控制程序要求	通过天平和烘箱测得，按照行业标准进行校验和维护，湿度检测程序遵循国家相关标准。校验记录将保存到计入期结束后2年
数据用途	用于计算基准线情景下项目处理量的作物秸秆自然腐烂的温室气体排放
备注	—
数据/参数名称	粪便平均湿度（$\omega_{c,\text{excrement},y}$）
应用的公式编号	(3-3)
数据描述	在 y 年，第 c 类畜禽粪便平均湿度
数据单位	%
数据来源	项目监测设备或运行记录
监测点要求	—
监测仪表要求	天平、烘箱
监测程序与方法要求	按照农村有机废弃物种类分批次检测，监测期内采用平均值
监测频次与记录要求	分批次检测

(续表)

质量保证/质量控制程序要求	通过天平和烘箱测得，按照行业标准进行校验和维护，湿度检测程序遵循国家相关标准。校验记录将保存到计入期结束后2年
数据用途	用于计算基准线情景下项目处理量的畜禽粪便开放发酵的温室气体排放
备注	—
数据/参数名称	**生物天然气并网量（$C_{\text{bio-naturalgas},y}$）**
应用的公式编号	(3-4)
数据描述	在y年，项目生物天然气并网量
数据单位	m^3
数据来源	现场测量
监测点要求	—
监测仪表要求	测量设备定期校验
监测程序与方法要求	—
监测频次与记录要求	管道为每天监测并记录，汽车运输为每车监测并记录
质量保证/质量控制程序要求	与并网生物天然气结算发票或者结算单等结算凭证交叉核对
数据用途	用于计算基准线情景下与项目并网生物天然气相当量天然气的温室气体排放
备注	—
数据/参数名称	**生物天然气净热值（$\text{NCV}_{\text{bio-naturalgas},y}$）**
应用的公式编号	(3-4)
数据描述	在y年，项目生物天然气净热值
数据单位	MJ/m^3
数据来源	IPCC 默认值 或国家标准更新
监测点要求	—
监测仪表要求	—
监测程序与方法要求	—
监测频次与记录要求	每年核定
质量保证/质量控制程序要求	—
数据用途	用于计算基准线情景下与项目并网生物天然气相当量天然气的温室气体排放
备注	—

(续表)

数据/参数名称	天然气年平均供气排放因子（$EF_{naturalgas,y}$）
应用的公式编号	(3-4)
数据描述	在 y 年，天然气年平均供气排放因子
数据单位	$t\ CO_2e/MJ$
数据来源	IPCC 最新默认值
监测点要求	—
监测仪表要求	—
监测程序与方法要求	—
监测频次与记录要求	每年核定
质量保证/质量控制程序要求	—
数据用途	用于计算基准线情景下与项目并网生物天然气相当量天然气的温室气体排放
备注	—

数据/参数名称	并网电力（$C_{electricpower,y}$）
应用的公式编号	(3-5)
数据描述	在 y 年，项目并网电力
数据单位	MWh
数据来源	采用电表测量
监测点要求	—
监测仪表要求	采用电表测量
监测程序与方法要求	连续监测
监测频次与记录要求	每年清算
质量保证/质量控制程序要求	与电力上网发票或者结算单等结算凭证上的数据交叉核对
数据用途	用于计算基准线情景下与项目并网电力相当的电网电力的温室气体排放
备注	—

数据/参数名称	区域电网年平均供电排放因子（$EF_{electricpower,y}$）
应用的公式编号	(3-5)、(3-9)
数据描述	在 y 年，区域电网年平均供电排放因子
数据单位	$t\ CO_2e/MWh$
数据来源	国家主管部门最近年份公布的相应区域电网排放因子
监测点要求	—

(续表)

监测仪表要求	—
监测程序与方法要求	—
监测频次与记录要求	每年核定
质量保证/质量控制程序要求	—
数据用途	用于计算基准线情景下与项目并网电力相当的电网电力的温室气体排放
备注	—
数据/参数名称	**并网热力（$C_{heatpower,y}$）**
应用的公式编号	(3-6)
数据描述	在 y 年，项目并网热力
数据单位	MJ
数据来源	采用热量表测量
监测点要求	—
监测仪表要求	采用热量表测量
监测程序与方法要求	连续监测
监测频次与记录要求	每年清算
质量保证/质量控制程序要求	与发票或者结算单等结算凭证上的数据交叉核对
数据用途	用于计算基准线情景下与项目并网热力相当的热网热力的温室气体排放
备注	—
数据/参数名称	**区域热网年平均供热排放因子（$EF_{heatpower,y}$）**
应用的公式编号	(3-6)、(3-9)
数据描述	在 y 年，区域热网年平均供热排放因子
数据单位	t CO_2e/MJ
数据来源	优先采用区域热网供热排放因子，不能提供则按 0.11 t CO_2e/GJ 计
监测点要求	—
监测仪表要求	—
监测程序与方法要求	—
监测频次与记录要求	每年核定
质量保证/质量控制程序要求	—

（续表）

数据用途	用于计算基准线情景下与项目并网热力相当的热网热力的温室气体排放
备注	—
数据/参数名称	第 p 类物质的量（$C_{\text{transportation},p,y}$）
应用的公式编号	(3-8)
数据描述	在 y 年，项目运输第 p 类物质的量
数据单位	t
数据来源	以记录输入输出的作物秸秆、畜禽粪便、生物天然气、热水、沼渣的重量为准
监测点要求	—
监测仪表要求	—
监测程序与方法要求	—
监测频次与记录要求	每年清算
质量保证/质量控制程序要求	—
数据用途	用于计算基准线情景下项目所有运输过程中的温室气体排放
备注	—
数据/参数名称	碳排放因子（$EF_{p,y}$）
应用的公式编号	(3-8)
数据描述	在 y 年，第 p 类运输车辆单位质量单位运输距离碳排放因子
数据单位	t CO_2e/（t·km）
数据来源	采用 IPCC 最新缺省值计
监测点要求	—
监测仪表要求	—
监测程序与方法要求	—
监测频次与记录要求	每年核定
质量保证/质量控制程序要求	—
数据用途	用于计算基准线情景下项目所有运输过程中的温室气体排放
备注	—
数据/参数名称	第 q 类燃料量（$C_{\text{operation},q,y}$）
应用的公式编号	(3-9)
数据描述	在 y 年，项目工程运行过程中消耗第 q 类燃料量

(续表)

数据单位	t
数据来源	以燃料供应商提供项目工程运行过程的燃料费发票或者结算单等结算凭证上的数据为准
监测点要求	—
监测仪表要求	—
监测程序与方法要求	—
监测频次与记录要求	每年清算
质量保证/质量控制程序要求	—
数据用途	用于计算基准线情景下项目所有工程运行过程中的温室气体排放
备注	—
数据/参数名称	**燃料的碳排放因子（$EF_{q,y}$）**
应用的公式编号	(3-9)
数据描述	在 y 年，第 q 类燃料的碳排放因子
数据单位	t CO_2e/MJ
数据来源	优先采用燃料供应单位提供的排放因子，不能提供则按 IPCC 最新缺省值计
监测点要求	—
监测仪表要求	—
监测程序与方法要求	—
监测频次与记录要求	每年核定
质量保证/质量控制程序要求	—
数据用途	用于计算基准线情景下项目所有工程运行过程中的温室气体排放
备注	—
数据/参数名称	**消耗电力（$C_{operation, electricpower, y}$）**
应用的公式编号	(3-9)
数据描述	在 y 年，项目工程运行中消耗的电力
数据单位	MWh
数据来源	以电力供应单位提供的电费发票或者结算单等结算凭证上的数据为准
监测点要求	—

（续表）

监测仪表要求	—
监测程序与方法要求	—
监测频次与记录要求	每年清算
质量保证/质量控制程序要求	—
数据用途	用于计算基准线情景下项目所有工程运行过程中的温室气体排放
备注	—
数据/参数名称	**化石热力（$C_{operation,heatpower,y}$）**
应用的公式编号	(3-9)
数据描述	在 y 年，项目工程运行过程中消耗化石热力
数据单位	MJ
数据来源	以热力供应单位提供的供热发票或者结算单等结算凭证上的数据为准
监测点要求	—
监测仪表要求	—
监测程序与方法要求	—
监测频次与记录要求	每年清算
质量保证/质量控制程序要求	—
数据用途	用于计算基准线情景下项目所有工程运行过程中的温室气体排放
备注	—
数据/参数名称	**沼气理论产量（$C_{marshgas,theoretical,y}$）**
应用的公式编号	(3-11)
数据描述	在 y 年，项目沼气理论产量
数据单位	m^3
数据来源	通过原料量与发酵效率（可行性研究报告）估算
监测点要求	—
监测仪表要求	—
监测程序与方法要求	—
监测频次与记录要求	每年清算
质量保证/质量控制程序要求	—

(续表)

数据用途	用于事前估算农村有机废弃物制沼气及综合利用过程中因物理泄漏温室气体量
备注	—
数据/参数名称	理论产沼气 CH_4 质量分数（$\omega_{CH_4,theoretical,y}$）
应用的公式编号	(3-11)
数据描述	在 y 年，项目理论产沼气 CH_4 质量分数
数据单位	—
数据来源	通过原料量与发酵效率（可行性研究报告）估算
监测点要求	—
监测仪表要求	—
监测程序与方法要求	—
监测频次与记录要求	每年清算
质量保证/质量控制程序要求	—
数据用途	用于事前估算农村有机废弃物制沼气及综合利用过程中因物理泄漏温室气体量
备注	—
数据/参数名称	沼气有效产量（$C_{marshgas,effective,y}$）
应用的公式编号	(3-12)
数据描述	在 y 年，项目沼气有效产量
数据单位	m^3
数据来源	通过生物天然气、电力、热力产品及生产效率估算
监测点要求	—
监测仪表要求	—
监测程序与方法要求	—
监测频次与记录要求	每年清算
质量保证/质量控制程序要求	—
数据用途	用于事后估算农村有机废弃物制沼气及综合利用过程中因物理泄漏温室气体量
备注	—
数据/参数名称	有效产沼气 CH_4 质量分数（$\omega_{CH_4,effective,y}$）
应用的公式编号	(3-12)

(续表)

数据描述	在 y 年，项目有效产沼气 CH_4 质量分数
数据单位	—
数据来源	通过生物天然气、电力、热力产品及生产效率估算
监测点要求	—
监测仪表要求	—
监测程序与方法要求	—
监测频次与记录要求	每年清算
质量保证/质量控制程序要求	—
数据用途	用于事后估算农村有机废弃物制沼气及综合利用过程中因物理泄漏温室气体量
备注	—
数据/参数名称	**沼渣产量（$C_{residue,y}$）**
应用的公式编号	(3-10)
数据描述	在 y 年，项目沼渣产量
数据单位	t
数据来源	项目监测设备或运行记录
监测点要求	—
监测仪表要求	—
监测程序与方法要求	—
监测频次与记录要求	称重
质量保证/质量控制程序要求	测量设备要定期校验以保证精度
数据用途	用于沼渣泄漏温室气体量
备注	—
数据/参数名称	**CH_4 的全球变暖潜势（GWP_{CH_4}）**
应用的公式编号	(3-2)、(3-3)、(3-11)、(3-12)
数据描述	CH_4 的全球变暖潜势
数据单位	—
数据来源	IPCC 最新评估报告
监测点要求	—
监测仪表要求	—
监测程序与方法要求	—

(续表)

监测频次与记录要求	每年清算
质量保证/质量控制程序要求	—
数据用途	用于计算与 CH_4 有关的温室气体排放
备注	—

(三) 项目实施及监测的数据管理要求

项目业主方应建立项目实施及监测的数据管理制度,包括以下内容:

1. 基本要求

(1) 记录可以根据用途,分为台账、日志、标识、流程、报告等不同类型。应当根据项目活动的需求,采用一种或多种记录类型,保证全过程信息真实、准确、完整和可追溯。记录载体可采用纸质、电子或混合等一种或多种形式。

(2) 采用计算机(化)系统生成记录或数据的,应当采取相应的管理措施与技术手段,确保生成的信息真实、准确、完整和可追溯。

(3) 电子记录至少应当实现原有纸质记录的同等功能,满足活动管理要求。对于电子记录和纸质记录并存的情况,应当在相应的操作规程和管理制度中明确规定作为基准的形式。

(4) 应当根据记录的用途、类型与形式,制定记录管理规程,明确记录管理责任,规范记录的控制方法。

(5) 数据的采集、处理、存储、生成、检索、报告等活动,应当满足相应数据类型的记录填写或数据录入的要求,保证数据真实、准确、完整和可追溯。

(6) 根据数据的来源与用途,可将数据分为基础信息数据、行为活动数据、计量器具数据、电子数据及其他类型数据,不同类型的数据应当采用适当的管理措施与技术手段。

(7) 从事记录与数据管理的人员应当接受必要的培训,掌握相应的管理要求与操作技能,遵守职业道德守则。

(8) 通过合同约定由第三方产生的记录与数据,应当符合本要求规定,并明确合同各方的管理责任。

2. 纸质记录管理要求

(1) 记录文件的设计与创建应当满足实际用途,样式应当便于识别、记载、收集、保存、追溯与使用，内容应当全面、完整、准确地反映所对应的活动。

（2）应当规定记录文件的审核与批准职责，明确记录文件版本生效的管理要求，防止无效版本的使用。

（3）记录文件的印制与发放应当根据记录的不同用途与类型，采用与记录重要性相当的受控方法，防止对记录进行替换或篡改。

（4）应当明确记录的记载职责，不得由他人随意代替，并采用可长期保存、不易去除的工具或方法。原始数据应当直接记载于规定的记录载体上，不得通过非受控的载体进行暂写或转录。

（5）记录的任何更改都应当签注修改人姓名和修改日期，并保持原有信息清晰可辨。必要时应当说明更改的理由。

（6）记录的收集时间、归档方式、存放地点、保存期限与管理人员应当有明确规定，并采取适当的保存或备份措施。记录的保存期限应当符合相关规定要求。

（7）记录的使用与复制应当采取适当措施，防止记录的丢失、损坏或篡改。复制记录时，应当规定记录复制的批准、分发、控制方法，明确区分记录原件与复印件。

（8）应当确定适当的记录销毁方式，并建立相应的销毁记录。

3. 电子记录管理要求

（1）采用电子记录的计算机（化）系统应当满足以下设施与配置：一是安装在适当的位置，以防止外来因素干扰；二是支持系统正常运行的服务器或主机；三是稳定、安全的网络环境和可靠的信息安全平台；四是实现相关部门之间、岗位之间信息传输和数据共享的局域网络环境；五是符合相关法律要求与管理需求的应用软件与相关数据库；六是能够实现记录操作的终端设备及附属装置；七是配套系统的操作手册、图纸等技术资料。

（2）采用电子记录的计算机（化）系统至少应当满足以下功能要求：一是保证记录时间与系统时间的真实性、准确性和一致性；二是能够显示电子记录的所有数据，生成的数据可以阅读并能够打印；三是系统生成的数据应当定期备份，备份与恢复流程必须经过验证，数据的备份与删除应有相应记录；四是系统变更、升级或退役，应当采取措施保证原系统数据在规定的保存期限内能够进行查阅与追溯。

（3）电子记录应当实现操作权限与用户登录管理，至少包括：一是建立操作与系统管理的不同权限，业务流程负责人的用户权限应当与承担的职责相匹配，不得赋予其系统（包括操作系统、应用程序、数据库等）管理员的权限；二是具备用户权限设置与分配功能，能够对权限修改进行跟踪与查询；三是确保登录用户的唯一性与可追溯性，当采用电子签名时，应当符合《中华人民共和国电子签名法》的相关规定；四是应当记录对系统操作的相关信息，至少包括操作者、操作时间、操作过程、操作原因；数据的产生、修改、删除、再处理、重新命名、转移；对计算机（化）系统的设置、配置、参数及时间戳的变更或修改。

（4）采用电子记录的计算机（化）系统验证项目应当根据系统的基础架构、系统功能与业务功能，综合系统成熟程度与复杂程度等多重因素，确定验证的范围与程度，确保系统功能符合预定用途。

4. 数据管理要求

（1）对于活动的基础信息数据和通过操作、检查、核对、人工计算等行为产生的行为活动数据，应当在相关操作规程和管理制度中规定记载人员、记载时间、记载内容，以及确认与复核方法的要求。

（2）从计量器具读取数据的，应当依法对计量器具进行检定或校准。

（3）经计算机（化）系统采集、处理、报告所获得的电子数据，应当采取必要的管理措施与技术手段：一是经人工输入由应用软件进行处理获得的电子数据，应当防止软件功能与设置被随意更改，并对输入的数据和系统产生的数据进行审核，原始数据应当按照相关规定保存；二是经计算机（化）系统采集与处理后生成的电子数据，其系统应当符合相应的规范要求，并对元数据进行保存与备份，备份及恢复流程必须经过验证。

（4）其他类型数据是指以文档、影像、音频、图片、图谱等形式所载的数据。符合下列条件的其他类型数据，视为满足本要求规定：一是能够有效地表现所载内容并可供随时调取查用；二是数据形式发生转换的，应当确保转换后的数据与原始数据一致。

八、项目审定与核查要点

（一）审定要点

1. 项目合格性审定

（1）项目是否在20××年××月××日之后开工建设，项目开工时间通过查阅项目开工证明予以确认。

（2）项目业主方是否声明所审定项目没有在联合国 CDM 及其他国际国内减排机制注册过，并出具减排注册唯一性承诺函。

2. 项目设计文件审定

（1）项目是否依据经过生态环境部批准的最新的格式和指南编制。对项目设计文件形式要件和编制指南要求是否一致予以确认。

（2）项目设计文件内容是否完整清晰。检查项目设计文件内容是否符合方法学规定的减排机理、基准线和减排要求等，项目选用的基准线和监测方法学是否与本项目方法学一致等，要求项目设计文件内容完整清晰、符合基本逻辑、无缺项。

3. 项目描述审定

（1）项目设计文件是否清楚地描述了项目活动，包括项目活动与事前情形的差别、项目设计寿命、计入期开始的时间等，以使读者能够清楚地理解项目本质。

（2）项目设计文件是否清楚地描述了项目活动应用的主要技术和其执行情况。

（3）项目设计文件是否描述了项目活动的规模类型。

（4）项目活动属于新建项目还是在现有项目上实施。

上述要求需要检查项目设计文件（基本情况部分）和资料文件的符合性以及项目设计文件（减排机理和工艺描述部分）和现场检查情况的符合性。

4. 方法学选择审定

（1）本方法学的适用条件是否得到满足，通过查阅项目原料收集台账，确认原料类型以及收集地点，通过原料收集位置及项目位置确认原料收集半径是否在 25 km 之内。

（2）项目活动是否产生方法学包含范围以外的减排量。

（3）是否需要向国家发展和改革委员会提出修订或偏移。

（4）如以上要点不能确认，应按《温室气体自愿减排项目审定与核证指南》中相应规则处理，并暂停审定工作。

5. 项目边界审定

（1）项目边界是否描述正确，是否合理。

（2）包括在项目边界内的拟议项目活动的物理特征是否被清楚地描述，包括项目活动所涉及的物理设施、排放源及产生的温室气体。

（3）是否存在由项目活动引起的但未在方法学中说明的排放源，如识别出由项目活动引起的超过预期年减排量的 1% 但未在方法学中说明的排放源，可启动方法学的澄清、修订或偏移。

6. 基准线识别审定

(1) 项目设计文件识别的项目基准线是否适宜。通过核对项目设计文件（采用的技术和/或措施部分）和项目现场的符合性，确认基准线的适宜性。

(2) 方法学中规定的识别最合理的基准线情景，项目处理步骤是否正确。

(3) 是否所有替代方案都被考虑到了，并且没有合理的替代方案被排除在外，审定机构应利用财务、当地和行业的经验和知识，确保无合理替代方案被排除在外，应通过其他可靠信息源对基准线情景进行交叉核对。

7. 额外性审定

(1) 项目设计文件是否识别了项目活动可信的替代方案。

(2) 项目是否符合免予额外性论证或简化额外性论证的条件：本方法学所述项目若年减排量小于 2 万 t CO_2e 可免除额外性论证；若年减排量为 2 万 ~ 6 万 t CO_2e，其额外性按简化论证考虑。如果是简化论证，需要项目设计文件论证和项目可行性研究报告的符合性。

8. 减排量计算审定

应按照《温室气体自愿减排项目审定与核证指南》相关要求对减排量计算过程中的数据来源的可靠性、参数选取的准确性和计算的规范性进行审查。

(1) 基准线排放所采取的步骤和应用的计算公式是否符合方法学，计算是否正确，所用到的参数包括哪些。

其中，应确认项目设计阶段确定的参数和数据中，如作物秸秆干物质基准线情景下的 CH_4 排放潜力、畜禽粪便干物质基准线情景下的 CH_4 排放潜力等数据是否按照选取的优先序选取，并为最新版本数据。

(2) 项目排放所采取的步骤和应用的计算公式是否符合方法学，计算是否正确，所用到的参数包括哪些。

其中，应确认项目实施阶段需监测的参数和数据，如畜禽粪便平均湿度应采用监测期内分批次的加权平均值，不能采用简单的算术平均；生物天然气并网量应与并网生物天然气结算发票或者结算单等结算凭证交叉核对；项目并网电力应与电力上网发票或者结算单等结算凭证上的数据交叉核对；项目并网热力应与发票或者结算单等结算凭证上的数据交叉核对等。

(3) 泄漏所采取的步骤和应用的计算公式是否符合方法学，计算是否正确，所用到的参数包括哪些。

其中，应确认项目计算泄漏所需的参数和数据，如沼气理论产量（事前）或有效产量（事后）、理论产生沼气（事前）或有效产生沼气（事后）中 CH_4 质量分数，事前和事后采用相应的公式估算/计算。

（4）减排量的计入期采用的方式是可更新的还是固定的，是否合理。通过查阅项目可行性研究报告和主设备使用年限等确认计入期的合理性。

9. 监测计划审定

（1）项目设计文件是否包括一个完整的监测计划。

（2）监测计划中是否包含了所有需要监测的参数，参数的描述是否清晰正确。

（3）各个参数的监测方法是否具有可操作性，是否符合本方法学的要求，监测设备的校准和精度是否符合要求。

（4）项目是否设计了合理的数据管理、质量保证和控制程序以确保项目产生的减排量能事后报告并是可核证的。

（二）核查要点

核查要求分为减排量的核查要求和项目备案后变更的审定要求。

1. 减排量核查要点

（1）减排量唯一性。确认减排量未通过其他机制签发。

（2）项目实施与项目设计文件的符合性。现场访问确认项目实施符合项目设计文件，识别变更并确认项目实施符合方法学。

（3）监测计划与方法学的符合性。确认监测计划符合方法学，不符则在核查报告中以附件形式附上监测计划修订申请。

（4）监测与监测计划的符合性。应确认项目监测活动符合监测计划，包括参数监测、设备维护与校准、记录频次、质量控制程序的实施等。

（5）校准频次的符合性。如监测方法学或监测计划中有相应要求，应确认项目业主按计划对监测设备进行校准。

（6）减排量计算结果的合理性。应按方法学及备案的项目设计文件对减排量计算过程中使用的所有参数、数据以及减排量计算结果进行核证。核证过程应符合《温室气体自愿减排项目审定与核证指南》的相关规范。

资料核查内容包括企业基本情况、项目设施设计文件、生产运行台账等，具体如下。

（1）项目业主方基本情况简介。

（2）核查核算表。

（3）项目可行性研究报告、设计、立项、验收等文件资料。

（4）场外运输与场内生产运行台账。一是设备设施日常运行记录及统计（分月统计，包括产品产量、原料收集量、原料构成、原料收集运输方式、距离、收集范围、发酵及提质阶段燃料、电力、热力消耗量等）；二是设备设施停运、事故及应急火炬开启记录；三是燃料、电力、热力购买合同及发票；四是带时间标记的运输工具里程表照片数据；五是沼渣副产物产生量统计表、处置合同及运输量原始磅单；六是日常监察记录；七是监督性监测报告及在线监测有效性审核报告；八是其他相关图文资料。

现场核查的目的是直观发现减少温室气体排放存在的问题，直观验证资料核查中发现的问题。

（1）原料收集与沼渣输出情况。一是所收集作物秸秆与畜禽粪便的种类、收集量、含水率；二是沼渣输出量与湿度；三是运输工具载重与单程行驶距离。

（2）监测设备安装运行情况。一是安装位置（方法学要求的监测设备，包括称重设施、气体流量计、液体流量计、电表等，是否安装到位）；二是运行情况，是否正常；三是监测精度，是否满足要求。

（3）场内工程运行情况。主要核查是否存在超出方法学假定气体泄漏比例的情况，燃料、电力、热力的管线分布情况，是否存在计入消耗量但不在本项目边界内的旁路设施或不属于本项目边界内的外加旁路供给设施。

（4）应急燃烧火炬。主要核查是否安装、在应急情况下可否正常运行、燃烧是否充分，可检测排放气体 CH_4 质量分数。

2. 项目备案后变更审定要点

（1）监测计划或方法学临时偏移。应确认偏移发生的确切日期及影响，要求项目业主保守处理。

（2）项目信息或参数纠正。应确认业主对信息或数据的纠正行为反映项目实际并符合方法学及监测计划。

（3）计入期开始时间变更。应确认变更的时间点处于更保守的基准线上。

（4）监测计划或方法学永久性变更。应按照《温室气体自愿减排项目审定与核证指南》的要求对监测计划或方法学永久性变更对项目的影响进行评估，以保守性原则要求项目业主开展相关调整。

（5）项目设计变更。应现场访问确认该变更不会导致规模、额外性、方法学适用性、监测及监测计划的一致性的变化，否则出具负面审定意见。

九、方法学编制说明

(一) 牵头编制单位、联系人及联系方式

牵头单位：湖北大学中国农业暨典型行业碳减排碳交易研究中心。

联系人：肖建军。

联系方式：zhangjinxin999@foxmail.com。

(二) 主要编写人员

主要编写人员见表3-4。

表3-4 主要编写人员

序号	人员姓名	单位名称	专业	职称
1	王红玲	湖北大学中国农业暨典型行业碳减排碳交易研究中心	农业碳减排与碳交易	教授
2	肖建军	湖北大学中国农业暨典型行业碳减排碳交易研究中心	农业生物环境与能源工程	研究员
3	王 海	湖北碳排放权交易中心有限公司	碳排放与碳交易	研究员
4	薛 菲	一合绿碳（湖北）科技有限公司	能源管理与碳交易	正高级工程师
5	张驭舟	湖北绿鑫生态科技有限公司	能源与环保	研究员
6	张金鑫	湖北大学中国农业暨典型行业碳减排碳交易研究中心	人口、资源与环境经济学	研究员
7	陈洪建	湖北大学中国农业暨典型行业碳减排碳交易研究中心	农业绿色低碳发展	研究员
8	朱健美	一合绿碳（湖北）科技有限公司	能源管理与碳交易	高级工程师

(三) 编制背景详细说明

1. 行业背景与技术现状，方法学对推动实现"碳达峰""碳中和"目标、促进重点行业节能减排、推进减污降碳协同增效、引导社会绿色低碳发展的重要意义

全球气候变化已成为国际社会关注的热点问题，是全人类共同面临的巨大挑战。从1990年到2023年，IPCC迄今已发布了六次正式的评估报告，第六次报告（2021—2023）首次用确定的口气指出，人类活动主要通过排

放温室气体引起了全球变暖，大气、海洋、冰冻圈及生物圈产生了广泛而迅速的变化。

根据 IPCC 第六次评估报告，全球包括土地利用在内的农业部门温室气体排放在 2010—2019 年占全球总排放量的 13%~21%。我国是一个农业大国，根据《中华人民共和国气候变化第二次两年更新报告》，2014 年我国农业生产环节的温室气体排放就已经达到 12 亿 t CO_2e，约占当年全国温室气体排放的 11%，其中 31% 为 CO_2，39% 为 CH_4，30% 为 N_2O。研究表明，我国农业温室气体减排将比能源、交通、建筑等部门更晚实现近零排放，即使采取积极的减排措施，农业碳排放也有可能成为工业以后的第二大排放部门，对实现"碳达峰""碳中和"目标形成挑战，农村农业碳减排具有重要意义。

我国秸秆资源丰富，年产量超 9 亿 t，居世界首位，呈现分布广、种类多、产量大的特点。2022 年，我国秸秆理论资源量为 9.77 亿 t，可收集资源量在 7.37 亿 t 左右，综合利用量 6.62 亿 t，其中饲料使用 1.34 亿 t，基料化、原料化领域 0.13 亿 t，食用菌基料 0.15 亿 t，燃料领域 0.62 亿 t，还田及其他 4.38 亿 t。经过多年的禁烧管理，全国秸秆露天无控焚烧现象虽已得到有效控制，但秸秆弃置仍十分严重。

此外，畜禽养殖也是我国农业生产的重要组成之一。据统计，各类畜禽类排泄粪便每年高达数十亿吨，并且随着畜禽养殖业的发展，畜禽粪便产生量还会逐年增加。一般而言，大中型规模的养殖场会有专门的畜禽粪便收集、处理机制，但是广泛分布于农村的小规模养殖场畜禽和散养畜禽，其粪便往往未经处理而被随意堆积，不仅会对周围环境和人体健康造成威胁，还会导致资源浪费，从而限制农业绿色发展。另外，农村畜禽粪便开放发酵与作物秸秆自然腐烂，产生大量 CH_4 气体，俨然是我国农业温室气体排放不可忽视的重要源头之一。

2022 年，在中央农村工作会议上，习近平总书记对发展生态低碳农业作出重要部署。发展农村可再生能源、加快农村能源绿色低碳转型是实现生态低碳农业的重要途径，是满足农民美好生活需要的内在要求，对巩固拓展脱贫攻坚成果、助力宜居宜业和美丽乡村建设具有重要意义。将作物秸秆与畜禽粪便协同转化为清洁可再生能源是农村减污降碳的发展趋势，其中可控厌氧发酵制取沼气是其能源化利用的重要途径之一，对沼气进一步提质得到高品质的生物天然气、热力、电力，替代化石能源使用，可实现区域生态循环，是"碳达峰""碳中和"目标实现的重要推手。

2. 编制目的、编制原则、编制过程，以及数据采集和计算方法选取的考虑

积极推进全国统一温室气体自愿减排交易市场建设，对鼓励全社会广泛深入开展温室气体减排行动、推动实现"碳达峰""碳中和"目标具有重要意义，而方法学是指导温室气体自愿减排项目开发、实施、审定和减排量核查的主要依据，对减排项目的基准线识别、额外性论证、减排量核算和监测计划制订等具有重要的规范作用。但是，现有已备案减少有机废弃物温室气体排放项目方法学，如适用于工业有机废水的《CM-007-V01 工业废水处理过程中温室气体减排（第一版）》、针对小规模的《CMS-016-V01 通过可控厌氧分解进行甲烷回收（第一版）》、面向大中型养殖场动物粪便的《CMS-021-V01 动物粪便管理系统甲烷回收（第一版）》、限于个体农户或小农场的《CMS-026-V01 家庭或小农场农业活动甲烷回收（第一版）》等，均无法直接应用于覆盖作物秸秆、畜禽粪便等农村有机废弃物的资源化项目，而且这些方法学都未关注沼气的进一步提质利用，如发电、产热等，难以适应"双碳"背景下废弃生物质替代化石能源利用的发展趋势。

根据《温室气体自愿减排交易管理暂行办法》的有关规定，为减少农村作物秸秆自然腐烂与畜禽粪便开放发酵的 CH_4 排放，规范国内农村有机废弃物可控发酵制沼气提质产生物天然气、热、电的温室气体减排项目的设计、减排量的核算与监测工作，确保生物质发酵制气和提质过程中项目所产生的减排量达到可测量、可报告、可核查的要求，湖北大学中国农业暨典型行业碳减排碳交易研究中心联合湖北碳排放权交易中心有限公司、一合绿碳（湖北）科技有限公司、湖北绿鑫生态科技有限公司等单位，结合国家能源战略发展规划，遵循科学性、准确性、保守性、适用性、可操作性和前瞻性原则，依托国家发展和改革委员会与农业农村部联合批复的具有较为显著的温室气体减排效果和低碳示范效应的"规模化生物天然气产业融合发展试点建设项目"，专门针对作物秸秆、畜禽粪便等农村有机废弃物的可控发酵及沼气综合利用，考虑原料、技术、产品、规模的适用条件，通过采集不同品种化石燃料净消耗量和净购热力、电力消费量等活动水平数据以及相关参数、排放因子，保证数据可核算、可核查、可追溯，在确保准确的前提下尽可能简化核算方法，压缩核算技术参数链条，降低企业核算难度，合理制定基准线排放、项目排放、项目泄漏计算框架，结合项目设施实际管理流程，统筹兼顾科学性与可操作性，建立项目减排量核算方法，依据项目减排量情况，提出项目年减排量小于 2 万 $t\ CO_2e$ 则可免除额外性论证，年减排量为

2万~6万 t CO_2e,其额外性按简化论证考虑,同时还提出细化信息化存证相关要求,通过提升数据质量控制计划的作用,强化数据质量管理要求,最终编制形成本方法学。本方法学为新方法学,所属领域为农业,在 CDM、GS 和 VCS 批准的或审议中的方法学中没有农村有机废弃物可控发酵综合利用类别的方法学。

3. 方法学所使用的减排技术的效益分析

方法学所使用可控厌氧发酵技术,利用作物秸秆、畜禽粪便等原料厌氧产气并后续加工制取生物天然气、发电、供热,能极大地减少化石燃料使用,具有显著的社会效益和生态效益。

本方法学所使用减排技术和工程建设的项目在实现资源循环综合利用的同时,还将解决弃置秸秆、畜禽粪便的污染难题,保护农村的生态环境,变废为稳定可靠的清洁能源,为农村生态建设、农业循环经济发展和绿色 GDP 的创造探索出了一种新模式,符合国家农村农业政策,符合可持续发展的理论,将极大程度地实现生态建设、经济建设、社会发展和人民幸福的多赢。

4. 预测方法学在全国范围内应用的项目前景,估算可实现的减排量

以年产 1 750 万 m^3 沼气的农村有机废弃物发酵制沼气产生物天然气、发电项目为例,每年可以处理 42 700 t 作物秸秆、17 500 t 干鸡粪以及 35 000 t 猪粪水,可实现年减排量达 44 563 t CO_2e。而在我国,按每年作物秸秆9亿t、规模养殖场畜禽粪污20亿t,理论沼气年产量可达3 250亿 m^3,预计可实现总减排量近8.3亿 t CO_2e。

第二节　方法学应用项目案例

以"湖北绿鑫生物质沼气综合利用温室气体自愿减排项目"为案例,诠释本方法学的实际应用,项目设计文件见表3-5。

表3-5　温室气体自愿减排项目设计文件

项目活动名称	湖北绿鑫生物质沼气综合利用温室气体自愿减排项目
项目所属行业领域	废弃资源综合利用业
项目设计文件版本	V01

(续表)

项目设计文件完成日期	2023 年 4 月 20 日
项目业主	湖北绿鑫生态科技有限公司
所选择的方法学	《农村有机废弃物可控发酵制沼气及综合利用减少温室气体排放方法学》
计入期类型及起止时间	可更新的计入期，2023 年 12 月 1 日—2030 年 11 月 30 日
预计的温室气体年均减排量	44 563 t CO_2e

一、项目活动描述

（一）项目活动的目的和概述

1. 项目活动目的

湖北绿鑫生物质沼气综合利用温室气体自愿减排项目（本节以下简称"本项目"）位于湖北省襄阳市。本项目利用当地丰富的农林废弃物资源以及畜禽养殖粪便等有机废弃物，拟建年产 1 750 万 m^3 沼气的农村有机废弃物综合利用项目，本项目所产生的沼气用于生产生物天然气和发电，生物天然气用以替代当地石油天然气，发电用以替代电网以煤电为主的供电，以此满足当地的用气和电力需求。

2. 项目活动概述

本项目将利用当地丰富的农林废弃物资源以及畜禽养殖粪便等有机废弃物，建设 4 条年产 437.5 万 m^3 沼气的混合原料半干式连续多级厌氧消化生产线，生产生物天然气和发电。其中，1 400 万 m^3 沼气用于生产生物天然气机组，设计年产量 700 万 m^3；同时安装装机容量 800 kW 的沼气热电联产机组（年利用沼气 350 万 m^3），年运行时间 8 400 h，年发电量 6 720 MWh，其中自用电占 4.76%，因此年供电量 6 400 MWh。本项目每条生产线每年可以处理 10 675 t 农作物秸秆、4 375 t 干鸡粪以及 8 750 t 猪粪水。其中，厌氧反应器、热电联产机组以及沼气提纯生物天然气机组的设计年运行时间为 350 天。

在没有本项目的情况下，当地所需燃气由当地以天然气为主的燃气管网供给，电力由以燃煤发电为主的华中电网供给；生物质废弃物没有得到有效利用，在有氧环境下腐烂。项目的实施将替代当地天然气管网的天然气和由华中电网提供的相应电量，减少天然气燃烧和由并网燃煤电厂产生的 CO_2 排放，以及避免生物质遗弃产生的额外的 CH_4 排放，从而达到减少温室气体排放的目的，预计此项目实施后年减排量为 44 563 t CO$_2$e，第一个计入期的总减排量为 311 941 t CO$_2$e。

本项目可以从以下 5 个方面帮助当地和全球可持续发展目标的实现：

①为天然气管网提供了生物天然气，丰富了当地天然气的供给渠道；

②为华中电网提供了清洁电能，改善了当地能源结构的单一化，节约了有限的煤炭资源；

③促进了资源综合利用，抑制了因生物质残留物遗弃产生的温室气体排放；

④为当地创造了就业机会，并增加农民收入；

⑤减少了火力发电厂的其他排放，特别是减少了 SO$_x$、NO$_x$ 和烟尘、粉尘的排放。

3. 项目批复情况

本项目已获当地发展和改革委员会批复，并已进入施工阶段。

(二) 项目活动位置

1. 省/自治区/直辖市

湖北省襄阳市。

2. 市/县/乡（镇）/村

老河口市竹林桥镇半店村 328 国道旁。

3. 项目地理位置

本项目位于湖北省老河口市，地理坐标为东经 110°30′~112°00′、北纬 32°10′~32°38′。

(三) 采用的技术和（或）措施

(1) 原料预处理单元。包括匀浆池 1 017 m³×1 座、原料预处理及黄贮区 16 000 m²、蔬菜及干粪收集区 400 m²。

(2) 厌氧生产单元。从德国引进半干式混合原料连续多级厌氧发酵工艺，6 座 CSTR 一体化厌氧反应器共计 24 314 m³。

(3) 沼气预处理单元。包括生物原位脱硫设备 3 套、冷凝脱水 1 套、粗过滤器 1 套、活性炭过滤塔 1 套。

(4) 热电联产单元。800 kW 热电联产机组及热利用回路 1 套。

(5) 净化提纯单元。包括沼气净化及精脱硫设备 1 套、脱碳设备 1 套、压缩罐装设备 1 套。

(6) 沼渣沼液利用单元。包括自动出渣、沼渣沼液高效固液分离及沼液回流系统，有机肥及基质土生产车间，沼液存放池。

（四）项目及减排量唯一性声明

本项目未申报其他任何国际国内温室气体减排机制下的减排项目。

二、采用的基准线情景和监测方法学

（一）采用的方法学

《农村有机废弃物可控发酵制沼气及综合利用减少温室气体排放方法学》。

（二）采用方法学的适用性

本项目方法学的适用性分析见表3-6。

表3-6 适用性分析

适用条件	适用于本项目的理由
本方法学适用于农村有机废弃物，可以单一成分投料，也可混合两种或两种以上成分投料	本项目的主要燃料为生物质秸秆、猪粪水和鸡粪
本方法学适用于过程可控的厌氧发酵	本项目采用"预处理+混合原料半干式连续多级厌氧处理+沼气热电联产+沼气提纯制生物天然气+沼渣深加工制有机肥"为核心的处理工艺。该工艺属于过程可控的厌氧发酵
从产品来讲，本方法学适用于以沼气为中间产物进一步增值转换成生物天然气、热、电中的一种或者多种	本项目将利用当地丰富的农村废弃物资源以及畜禽养殖粪便等有机废弃物，生产沼气并利用沼气生产生物天然气和发电，同时产生热能

（三）项目边界及排放源

项目边界包括从农村有机废弃物收集到生物天然气、热、电产品输出所投入的需要消耗或产生热、电、燃料的设备设施以及相关系统所在的地理边界。基准线情景和项目活动包括的温室气体排放源见表3-7。

表3-7 基准线情景和项目活动包括的温室气体排放源

类别	排放源	温室气体种类	是否包括	理由/解释
基准线情景	作物秸秆自然腐烂排放	CO_2	排除	假定作物秸秆排放CO_2不会导致碳库变化
		CH_4	包括	作物秸秆开放厌氧发酵排放CH_4
		N_2O	排除	因简化而排除。假定该排放源很小
	畜禽粪便开放发酵排放	CO_2	排除	假定作物秸秆排放CO_2不会导致碳库变化
		CH_4	包括	畜禽粪便开放厌氧发酵排放CH_4
		N_2O	排除	因简化而排除。假定该排放源很小

（续表）

类别	排放源	温室气体种类	是否包括	理由/解释
基准线情景	与项目并网生物天然气相当量天然气的排放	CO_2	包括	化石天然气燃烧会排放CO_2
		CH_4	排除	管网泄漏和通风引起的CH_4排放，本项目实施对其没有影响，故不考虑
		N_2O	排除	因简化而排除。假定该排放源很小
	与项目并网热力相当的热网热力的排放与项目	CO_2	包括	产热过程消耗化石燃料会排放CO_2
		CH_4	排除	因简化而排除。假定该排放源很小
		N_2O	排除	因简化而排除。假定该排放源很小
	并网电力相当的电网电力的排放	CO_2	包括	发电过程消耗化石燃料会排放CO_2
		CH_4	排除	因简化而排除。假定该排放源很小
		N_2O	排除	因简化而排除。假定该排放源很小
项目活动	农村有机废弃物的收集排放	CO_2	包括	收集过程消耗电力和/或燃料会排放CO_2
		CH_4	排除	因简化而排除。假定该排放源很小
		N_2O	排除	因简化而排除。假定该排放源很小
	从收集地点到存储地点的农村有机废弃物运输排放	CO_2	包括	运输过程消耗电力和/或燃料会排放CO_2
		CH_4	排除	因简化而排除。假定该排放源很小
		N_2O	排除	因简化而排除。假定该排放源很小
	农村有机废弃物存储排放	CO_2	排除	假定农村有机废弃物排放CO_2不会导致碳库变化
		CH_4	排除	因简化而排除。当作物秸秆储存时间不超过1年，而畜禽粪便储存时间不超过45天，假定该排放源很小
		N_2O	排除	因简化而排除。假定该排放源很小
	从农村有机废弃物存储地点到可控发酵提质产热和/或电地点的运输排放	CO_2	包括	运输过程消耗电力和/或燃料会排放CO_2
		CH_4	排除	因简化而排除。假定该排放源很小
		N_2O	排除	因简化而排除。假定该排放源很小
	农村有机废弃物可控发酵制沼气排放	CO_2	包括	生产过程消耗电力和/或燃料会排放CO_2
		CH_4	包括	物理泄漏所产生的CH_4排放
		N_2O	排除	因简化而排除。假定该排放源很小

(续表)

类别	排放源	温室气体种类	是否包括	理由/解释
项目活动	沼气产生物天然气排放	CO_2	包括	假定农村有机废弃物发酵产生 CO_2 不会导致碳库变化，可排除。但是提纯生产过程消耗电力和/或燃料排放 CO_2 应包括
		CH_4	包括	物理泄漏所产生的 CH_4 排放
		N_2O	排除	因简化而排除。假定该排放源很小
	沼气燃烧发电排放	CO_2	包括	假定沼气燃烧排放 CO_2 不会导致碳库变化；而其他操作因消耗电力和/或燃料会排放 CO_2
		CH_4	包括	物理泄漏所产生的 CH_4 排放
		N_2O	排除	因简化而排除。假定该排放源很小
	沼气燃烧产热排放	CO_2	包括	假定沼气燃烧排放 CO_2 不会导致碳库变化；而其他操作因消耗电力和/或燃料会排放 CO_2
		CH_4	包括	物理泄漏所产生的 CH_4 排放
		N_2O	排除	因简化而排除。假定该排放源很小
	沼气燃烧发电联产热排放	CO_2	包括	假定沼气燃烧排放 CO_2 不会导致碳库变化；而其他操作因消耗电力和/或燃料会排放 CO_2
		CH_4	包括	物理泄漏所产生的 CH_4 排放
		N_2O	排除	因简化而排除。假定该排放源很小
	生物天然气到天然气管网输运排放	CO_2	据项目业主方选用输运形式确定	管道运输，假定该排放源很小，可因简化而排除；槽罐车运输，消耗电力和/或燃料会排放 CO_2
		CH_4	包括	物理泄漏所产生的 CH_4 排放
		N_2O	排除	因简化而排除。假定该排放源很小
	沼气电力到电网输运排放	CO_2	排除	输电线路传输，因简化而排除。假定该排放源很小
		CH_4	排除	因简化而排除。假定该排放源很小
		N_2O	排除	因简化而排除。假定该排放源很小

(续表)

类别	排放源	温室气体种类	是否包括	理由/解释
项目活动	沼气热力到热网输运排放	CO_2	据项目业主方选用输运形式确定	蒸汽输运，假定该排放源很小，因简化而排除；泵送热水，消耗电力和/或燃料排放 CO_2
		CH_4	排除	因简化而排除。假定该排放源很小
		N_2O	排除	因简化而排除。假定该排放源很小
	应急火炬燃烧排放	CO_2	排除	假定沼气燃烧排放 CO_2 不会导致碳库变化
		CH_4	包括	物理泄漏所产生的 CH_4 排放
		N_2O	排除	因简化而排除。假定该排放源很小
	农村有机废弃物生产沼气剩余沼渣排放	CO_2	排除	假定农村有机废弃物源 CO_2 不会导致碳库变化
		CH_4	包括	剩余沼渣的 CH_4 排放，属于泄漏
		N_2O	排除	因简化而排除。假定该排放源很小

(四) 基准线情景的识别和描述

本项目主要考虑 5 个方面的基准线情景：

①作物秸秆自然腐烂并向大气释放 CH_4；
②畜禽粪便开放发酵并向大气释放 CH_4；
③天然气利用；
④发电；
⑤供热。

在识别基准线情景时应使用最新版的《基准线情景识别与额外性论证组合工具》，根据所有现实可行的替代方案确定最合理的基准线情景，其中应考虑的基准线替代方案如下。

M1：拟议项目活动不作为自愿减排项目活动。

M2：作物秸秆自然腐烂并向大气释放 CH_4。

M3：作物秸秆作为其他项目用途，如造纸、合成板、（热）化学利用等。

M4：畜禽粪便开放发酵并向大气释放 CH_4。

M5：畜禽粪便作为其他项目用途，如堆肥、（热）化学利用等。

M6：利用传统化石源天然气。

M7：利用非化石源天然气，如 CO_2 还原所产天然气等。
M8：利用传统化石燃料燃烧发电。
M9：利用太阳能、风能、地热能、潮汐能等转化发电。
M10：利用生物质热化学转化发电。
M11：利用传统化石燃料燃烧供热。
M10：利用太阳能、风能、地热能、潮汐能等转化供热。
M11：利用生物质热化学转化供热。

若一个或多情景被排除，应对结论进行适当解释和证明。本方法学适用于基准线情景为 M2 与 M4、M6、M8、M11 中的一种或多种组合的项目。

（五）额外性论证

本项目年减排量 2 万~6 万 t CO_2e，根据方法学采用简化论证。

（六）减排量核算

1. 核算方法的说明

（1）基准线排放。基准线排放包括基准线情景下，作物秸秆自然腐烂、畜禽粪便开放发酵及因传统天然气使用和/或利用化石燃料燃烧发电、供热而引起的 CO_2、CH_4 等温室气体的排放；而国家或地方的安全要求或法律法规中要求必须进行捕集、转化为燃料或燃烧的 CH_4 排放，在计算基准线排放时须予以排除。参照公式（3-1）计算。

基准线情景下，项目处理量的作物秸秆自然腐烂的温室气体排放参照公式（3-2）计算。

基准线情景下，项目处理量的畜禽粪便开放发酵的温室气体排放参照公式（3-3）计算。

基准线情景下，与项目并网生物天然气相当量天然气的温室气体排放参照公式（3-4）计算。

基准线情景下，与项目并网电力相当的电网电力的温室气体排放参照公式（3-5）计算。

基准线情景下，与项目并网热力相当的热网热力的温室气体排放参照公式（3-6）计算。

（2）项目排放计算。项目温室气体排放总量应等于边界内所有运输过程中（包括作物秸秆、畜禽粪便、生物天然气、热水、沼渣等的运输过程）消耗化石燃料、电力的排放，工程运行过程中（包括农村有机废弃物发酵制沼气、沼气提纯产生物天然气、沼气燃烧发电和/或产热等过程）消耗化石燃料、电力、热力的排放。参照公式（3-7）计算。

项目情景下，所有运输过程中温室气体排放量计算，主要是运输作物秸秆、畜禽粪便、生物天然气、热水、沼渣等的排放，参照公式（3-8）计算。

项目情景下，所有工程运行过程中温室气体排放量计算，主要是农村有机废弃物发酵制沼气、沼气提纯产生物天然气、沼气燃烧发电和/或产热等过程消耗化石燃料、电力、热力的排放，参照公式（3-9）计算。

（3）项目泄漏计算。本项目将农村有机废弃物可控发酵制沼气及综合利用过程中因物理泄漏和剩余沼渣排出泄漏总量计算，参照公式（3-10）计算。

项目情景下，农村有机废弃物可控发酵制沼气及综合利用过程中因物理泄漏温室气体量，事前按公式（3-11）估算，事后按公式（3-12）计算。

沼渣泄漏（$LE_{residue,y}$）与在 y 年项目沼渣产量（$C_{residue,y}$）有关，在厌氧条件下储存和/或在垃圾填埋场处置过程产生的 CH_4 排放（作为本项目的泄漏）应参考最新版《固体废弃物处理站的排放计算工具》进行计算。

2. 项目设计阶段确定的参数和数据

设计阶段确定的参数和数据见表3-8。

表3-8 设计阶段确定的参数和数据

数据/参数名称	CH_4 排放潜力（$EF_{r,straw,CH_4}$）
应用的公式编号	(3-2)
数据描述	第 r 类作物秸秆干物质基准线情景下的 CH_4 排放潜力，可用排放最大值与保守因子的乘积估算
数据单位	t CH_4/t
数据来源	IPCC最新默认值、研究报告、试验数据、统计数据等（排序为选取优先序）
数据选用的合理性	—
数值（如有）	—
数据用途	用于计算基准线情景下项目处理量的作物秸秆自然腐烂的温室气体排放

(续表)

备注	—
数据/参数名称	CH_4 排放潜力（$EF_{c,excrement,CH_4}$）
应用的公式编号	(3-3)
数据描述	第 c 类畜禽粪便干物质基准线情景下的 CH_4 排放潜力
数据单位	t CH_4/t
数据来源	IPCC 最新默认值、研究报告、试验数据、统计数据等（排序为选取优先序）
数据选用的合理性	—
数值（如有）	—
数据用途	用于计算基准线情景下项目处理量的畜禽粪便开放发酵的温室气体排放
备注	—
数据/参数名称	平均运输距离（$D_{o,p}$）
应用的公式编号	(3-3)
数据描述	在 y 年，第 p 类材料通过第 o 类车辆运输的平均运输距离
数据单位	km
数据来源	可行性研究报告
数据选用的合理性	—
数值（如有）	—
数据用途	用于计算项目所有工程运行过程中温室气体排放
备注	—

3. 项目设计阶段减排量估算

（1）基准线排放，包括如下 5 个方面。

基准线情景下，项目处理量的作物秸秆自然腐烂的排放计算：根据可行性研究报告，本项目每年消耗生物质废弃物 35 014 t（干重），根据方法学，生物质废弃物自然腐烂的基准线排放量（$BE_{straw,y}$）计算见表 3-9。

表 3-9 作物秸秆的基准线排放量（$BE_{straw,y}$）

代码	参数	单位	数值	来源
A	作物秸秆处理量（$M_{straw,y}$）	t	42 700	可行性研究报告

(续表)

代码	参数	单位	数值	来源
B	作物秸秆平均湿度（$\omega_{r,straw,y}$）	%	18	可行性研究报告
C	CH_4排放因子（$EF_{r,straw,CH_4}$）	t CH_4/t	0.002 7	IPCC默认值
D	保守因子		0.73	基准线方法学
E	CH_4的全球变暖潜势（GWP_{CH_4}）		27	IPCC默认值
F	作物秸秆的基准线排放量（$BE_{straw,y}$）	t CO_2e	1 863	F=A×(1-B)×C×D×E

基准线情景下，项目处理量的畜禽粪便开放发酵的温室气体排放计算：根据可行性研究报告，本项目每年利用猪粪水2 800 t（干物质），在没有开展项目活动的情况下，动物粪便在项目边界内厌氧消化并向大气释放CH_4。基准线排放量计算结果见表3-10。

表3-10 物粪便（猪粪水）的CH_4基准线排放量（$BE_{excrement,y}$）

代码	参数	单位	数值	来源
A	猪粪便的处理量（$M_{c,excrement,y}$）	t	35 000	可行性研究报告
B	猪粪便的水分（$\omega_{c,excrement,y}$）	%	92	可行性研究报告
C	猪粪便干物质基准线情景下的CH_4排放潜力（$EF_{c,excrement,CH_4}$）	t CH_4/t	0.135	根据IPCC默认值计算
D	CH_4的全球变暖潜势（GWP_{CH_4}）		27	IPCC默认值
F	动物粪便（猪粪水）的CH_4基准线排放量（$BE_{excrement,y}$）	t CO_2e	10 206	F=A×(1-B)×C×D

$EF_{c,excrement,CH_4}$=猪粪便干物质最大CH_4生产潜力（290 m³ CH_4/t）×CH_4密度（0.000 67 t/m³）×基准线情景下粪便管理系统j的CH_4转换因子（0.695 6）= 0.135 t CH_4/t。

根据可行性研究报告，本项目每年利用鸡粪17 500 t，在没有开展项目活动的情况下，动物粪便在项目边界内厌氧消化并向大气释放CH_4。基准线排放量计算结果见表3-11。

表 3-11 动物粪便（鸡粪）的 CH_4 基准线排放量（$BE_{excrement,y}$）

代码	参数	单位	数值	来源
A	鸡粪的处理量（$M_{c,excrement,y}$）	t	17 500	可行性研究报告
B	鸡粪便的水分（$\omega_{c,excrement,y}$）	%	70	可行性研究报告
C	鸡粪便干物质基准线情景下的 CH_4 排放潜力（$EF_{c,excrement,CH_4}$）	t CH_4/t	0.181 76	根据 IPCC 默认值计算
D	CH_4 的全球变暖潜势（GWP_{CH_4}）	—	27	IPCC 默认值
F	动物粪便（鸡粪）的 CH_4 基准线排放量（$BE_{excrement,y}$）	t CO_2e	25 764	F=A×（1-B）×C×D

$EF_{c,excrement,CH_4}$=鸡粪便干物质最大 CH_4 生产潜力（290 m³ CH_4/t）×CH_4 密度（0.000 67 t/m³）×基准线情景下粪便管理系统 j 的 CH_4 转换因子（0.695 6）= 0.181 76 t CH_4/t。

使用生物天然气产品替代化石天然气的排放计算：本项目年生产且并入天然气管网的生物天然气 720 万 m³，替代同当量的化石天然气，产生的减排量计算结果见表 3-12。

表 3-12 使用生物天然气产品替代化石天然气产生的减排量

代码	参数	单位	数值	来源
A	生物天然气并入管网量（$C_{bio-naturalgas,y}$）	m³	7 200 000	可行性研究报告
B	生物质天然气热值（$NCV_{bio-naturalgas,y}$）	MJ/m³	34	国标《车用生物天然气》
C	天然气排放因子（$EF_{naturalgas,y}$）	kg CO_2e/MJ	0.056 1	IPCC 默认
D	替代天然气 CO_2 排放量（$BE_{bio-naturalgas,y}$）	t CO_2e	13 733	D=A×B×C/1 000

基准线情景下，利用传统化石燃料燃烧发电（沼气源电力产品当量）引起的排放计算结果见表 3-13。

表 3-13 利用传统化石燃料燃烧发电（沼气源电力产品当量）引起的排放量

代码	参数	单位	数值	来源
A	上网电量（$C_{electricpower,y}$）	MWh	6 400	可行性研究报告
B	华中电网排放因子（$EF_{electricpower,y}$）	t CO_2/MWh	0.572 1	国家主管部门最近年份公布的相应区域电网排放因子
C	发电基准线排放量（$BE_{electricpower,y}$）	t CO_2	3 661	C=A×B

基准线情景下,利用传统化石燃料燃烧发电(沼气源电力产品当量)引起的排放:本项目产生的热全部自用,因此 $BE_{heatpower,y}=0$。

因此,本项目的基准线排放为:

$$BE_y = BE_{straw,y} + BE_{excrement,y} + BE_{bio-naturalgas,y} + BE_{electricpower,y} + BE_{heatpower,y}$$
$$= 1\,863+10\,206+25\,764+13\,733+3\,661+0=55\,227 \text{ t } CO_2e$$

需要说明的是,$BE_{excrement,y}$ 包含了猪粪和鸡粪。

(2) 项目排放。项目情景下,农村有机废弃物收储运阶段的排放量计算:主要为收集和运输的排放。根据可行性研究报告,本项目共利用 95 200 t 农林废弃物和动物粪便,均由载重卡车运至项目现场。其中,最远的农村有机废弃物供应源距本项目不超过 25 km,取来回里程 2×25 km=50 km 作为保守计算值。本项目沼渣用于厂内制肥,因此,并未输出。根据"汽车运输产生的项目排放及泄漏的计算工具"第 01.0.0 版和保守计算方法,取 245 g CO_2/(t·km)的默认值作为汽车运输排放因子。农村有机废弃物收储运阶段的排放量($PE_{transportation,y}$)计算结果见表 3-14。

表 3-14 农村有机废弃物收储运阶段的排放量

代码	参数	单位	数值	来源
A	农村有机废弃物的运距($D_{f,m}$)	km	50	可行性研究报告
B	农村有机废弃物的运输量($FR_{f,m}$)	t	95 200	可行性研究报告
C	汽车运输排放因子($EF_{CO_2,f}$)	g CO_2/(t·km)	245	IPCC 默认
D	所有运输过程中温室气体排放量($PE_{transportation,y}$)	t CO_2	1 166	D=A×B×C/10^6

本项目的沼气通过管道输送到发电设施,生物天然气通过管道输送到当地天然气管网,因此 $PE_{operation,y}=0$。

项目情景下,所有工程运行过程中温室气体排放量计算:主要是农村有机废弃物发酵制沼气、沼气提纯产生物天然气、沼气燃烧发电和/或产热等过程消耗化石燃料、电力、热力的排放量。

本项目沼气生产采用自发电和自供热,也不使用化石燃料,此项目排放 $PE_{operation,y}=0$,如实际发生化石燃料消耗和电网用电,按实际用量计算。

因此,项目排放 $PE_y=1\,166$ t CO_2e。

(3) 项目泄漏。本项目的沼渣用于厂内制肥,因此,仅考虑沼气部分的泄漏。

$$\text{LE}_{\text{marshgas},y} = 0.05 C_{\text{CH}_4,\text{theoretical},y} \times \text{GWP}_{\text{CH}_4}$$
$$= 0.05 \times 17\,500\,000 \text{ m}^3 \times 60\%(沼气\text{ CH}_4\text{ 含量}) \times$$
$$0.000\,67 \text{ t/m}^3(\text{CH}_4\text{ 密度}) \times 27 = 9\,498 \text{ t CO}_2\text{e}$$

因此，本项目减排量 = 55 227 − 1 166 − 9 498 = 44 563 t CO$_2$e。

4. 项目设计阶段估算减排量汇总

项目设计阶段预估的项目减排量见表 3-15。

表 3-15　项目设计阶段预估的项目减排量　　　　　　单位：t CO$_2$e

年份	基准线排放	项目排放	泄漏	减排量
2023 年 12 月 1 日—2023 年 12 月 31 日	4 602	97	792	3 714
2024 年 1 月 1 日—2024 年 12 月 31 日	55 227	1 166	9 498	44 563
2025 年 1 月 1 日—2025 年 12 月 31 日	55 227	1 166	9 498	44 563
2026 年 1 月 1 日—2026 年 12 月 31 日	55 227	1 166	9 498	44 563
2027 年 1 月 1 日—2027 年 12 月 31 日	55 227	1 166	9 498	44 563
2028 年 1 月 1 日—2028 年 12 月 31 日	55 227	1 166	9 498	44 563
2029 年 1 月 1 日—2029 年 12 月 31 日	55 227	1 166	9 498	44 563
2030 年 1 月 1 日—2030 年 11 月 30 日	50 625	1 069	8 707	40 849
合计	386 589	8 162	66 486	311 941
计入期内年均值	55 227	1 166	9 498	44 563

（七）监测计划

1. 项目实施阶段需监测的参数和数据

项目实施阶段需监测的参数和数据见表 3-16。

表 3-16　项目实施阶段需监测的参数和数据

数据/参数名称	秸秆的处理量（$M_{r,\text{straw},y}$）
应用的公式编号	(3-2)
数据描述	在 y 年，项目第 r 类作物秸秆的处理量
数据单位	t
数据来源	项目监测设备或运行记录
监测点要求	—
监测仪表要求	—

(续表)

监测程序与方法要求	称重
监测频次与记录要求	连续监测
质量保证/质量控制程序要求	测量设备要定期校验以保证精度
数据用途	用于计算基准线情景下项目处理量的作物秸秆自然腐烂的温室气体排放
备注	—
数据/参数名称	**秸秆平均湿度（$\omega_{r,\text{straw},y}$）**
应用的公式编号	(3-2)
数据描述	在 y 年，第 r 类作物秸秆平均湿度
数据单位	%
数据来源	项目监测设备或运行记录
监测点要求	—
监测仪表要求	天平、烘箱
监测程序与方法要求	按照农村有机废弃物种类分批次检测，监测期内采用平均值
监测频次与记录要求	分批次检测
质量保证/质量控制程序要求	通过天平和烘箱测得，按照行业标准进行校验和维护，湿度检测程序遵循国家相关标准。校验记录将保存到计入期结束后2年
数据用途	用于计算基准线情景下项目处理量的作物秸秆自然腐烂的温室气体排放
备注	—
数据/参数名称	**粪便平均湿度（$\omega_{c,\text{excrement},y}$）**
应用的公式编号	(3-3)
数据描述	在 y 年，第 c 类畜禽粪便平均湿度
数据单位	%
数据来源	项目监测设备或运行记录
监测点要求	—
监测仪表要求	天平、烘箱
监测程序与方法要求	按照农村有机废弃物种类分批次检测，监测期内采用平均值
监测频次与记录要求	分批次检测
质量保证/质量控制程序要求	通过天平和烘箱测得，按照行业标准进行校验和维护，湿度检测程序遵循国家相关标准。校验记录将保存到计入期结束后2年

(续表)

数据用途	用于计算基准线情景下项目处理量的畜禽粪便开放发酵的温室气体排放
备注	—
数据/参数名称	**生物天然气并网量（$C_{bio-naturalgas,y}$）**
应用的公式编号	(3-4)
数据描述	在 y 年，项目生物天然气并网量
数据单位	m^3
数据来源	现场测量
监测点要求	—
监测仪表要求	测量设备定期校验
监测程序与方法要求	—
监测频次与记录要求	管道为每天监测并记录，汽车运输为每车监测并记录
质量保证/质量控制程序要求	与并网生物天然气结算发票或者结算单等结算凭证交叉核对
数据用途	用于计算基准线情景下与项目并网生物天然气相当量天然气的温室气体排放
备注	—
数据/参数名称	**生物天然气净热值（$NCV_{bio-naturalgas,y}$）**
应用的公式编号	(3-4)
数据描述	在 y 年，项目生物天然气净热值
数据单位	MJ/m^3
数据来源	IPCC 默认值 或国家标准更新
监测点要求	—
监测仪表要求	—
监测程序与方法要求	—
监测频次与记录要求	每年核定
质量保证/质量控制程序要求	—
数据用途	用于计算基准线情景下与项目并网生物天然气相当量天然气的温室气体排放
备注	—
数据/参数名称	**天然气年平均供气排放因子（$EF_{naturalgas,y}$）**
应用的公式编号	(3-4)
数据描述	在 y 年，天然气年平均供气排放因子

(续表)

数据单位	t CO₂e/MJ
数据来源	IPCC 最新默认值
监测点要求	—
监测仪表要求	—
监测程序与方法要求	—
监测频次与记录要求	每年核定
质量保证/质量控制程序要求	—
数据用途	用于计算基准线情景下与项目并网生物天然气相当量天然气的温室气体排放
备注	—
数据/参数名称	**并网电力（$C_{electricpower,y}$）**
应用的公式编号	(3-5)
数据描述	在 y 年，项目并网电力
数据单位	MWh
数据来源	采用电表测量
监测点要求	—
监测仪表要求	采用电表测量
监测程序与方法要求	连续监测
监测频次与记录要求	每年清算
质量保证/质量控制程序要求	与电力上网发票或者结算单等结算凭证上的数据交叉核对
数据用途	用于计算基准线情景下与项目并网电力相当的电网电力的温室气体排放
备注	—
数据/参数名称	**区域电网年平均供电排放因子（$EF_{electricpower,y}$）**
应用的公式编号	(3-5)、(3-9)
数据描述	在 y 年，区域电网年平均供电排放因子
数据单位	t CO₂e/MWh
数据来源	国家主管部门最近年份公布的相应区域电网排放因子
监测点要求	—
监测仪表要求	—
监测程序与方法要求	

(续表)

监测频次与记录要求	每年核定
质量保证/质量控制程序要求	—
数据用途	用于计算基准线情景下与项目并网电力相当的电网电力的温室气体排放
备注	—
数据/参数名称	**并网热力（$C_{\text{heatpower},y}$）**
应用的公式编号	(3-6)
数据描述	在 y 年，项目并网热力
数据单位	MJ
数据来源	采用热量表测量
监测点要求	—
监测仪表要求	采用热量表测量
监测程序与方法要求	连续监测
监测频次与记录要求	每年清算
质量保证/质量控制程序要求	与发票或者结算单等结算凭证上的数据交叉核对
数据用途	用于计算基准线情景下与项目并网热力相当的热网热力的温室气体排放
备注	—
数据/参数名称	**区域热网年平均供热排放因子（$EF_{\text{heatpower},y}$）**
应用的公式编号	(3-6)、(3-9)
数据描述	在 y 年，区域热网年平均供热排放因子
数据单位	t CO_2e/MJ
数据来源	优先采用区域热网供热排放因子，不能提供则按 0.11 t CO_2e/GJ计
监测点要求	—
监测仪表要求	—
监测程序与方法要求	—
监测频次与记录要求	每年核定
质量保证/质量控制程序要求	—
数据用途	用于计算基准线情景下与项目并网热力相当的热网热力的温室气体排放
备注	—

(续表)

数据/参数名称	运输第 p 类物质的量（$C_{\text{transportation},p,y}$）
应用的公式编号	(3-8)
数据描述	在 y 年，项目运输第 p 类物质的量
数据单位	t
数据来源	以记录输入输出的作物秸秆、畜禽粪便、生物天然气、热水、沼渣的重量为准
监测点要求	—
监测仪表要求	—
监测程序与方法要求	—
监测频次与记录要求	每年清算
质量保证/质量控制程序要求	—
数据用途	用于计算基准线情景下项目所有运输过程中的温室气体排放
备注	—
数据/参数名称	碳排放因子（$EF_{p,y}$）
应用的公式编号	(3-8)
数据描述	在 y 年，第 p 类运输车辆单位质量单位运输距离碳排放因子
数据单位	t CO_2e/（t·km）
数据来源	采用 IPCC 最新缺省值计
监测点要求	—
监测仪表要求	—
监测程序与方法要求	—
监测频次与记录要求	每年核定
质量保证/质量控制程序要求	—
数据用途	用于计算基准线情景下项目所有运输过程中的温室气体排放
备注	—
数据/参数名称	燃料量（$C_{\text{operation},q,y}$）
应用的公式编号	(3-9)
数据描述	在 y 年，项目工程运行过程中消耗第 q 类燃料的量
数据单位	t
数据来源	以燃料供应商提供项目工程运行过程的燃料费发票或者结算单等结算凭证上的数据为准

（续表）

监测点要求	—
监测仪表要求	—
监测程序与方法要求	—
监测频次与记录要求	每年清算
质量保证/质量控制程序要求	—
数据用途	用于计算基准线情景下项目所有工程运行过程中的温室气体排放
备注	—
数据/参数名称	**燃料的碳排放因子（$EF_{q,y}$）**
应用的公式编号	(3-9)
数据描述	在 y 年，第 q 类燃料的碳排放因子
数据单位	t CO_2e/MJ
数据来源	优先采用燃料供应单位提供的排放因子，不能提供则按 IPCC 最新缺省值计
监测点要求	—
监测仪表要求	—
监测程序与方法要求	—
监测频次与记录要求	每年核定
质量保证/质量控制程序要求	—
数据用途	用于计算基准线情景下项目所有工程运行过程中的温室气体排放
备注	—
数据/参数名称	**消耗电力（$C_{operation,electricpower,y}$）**
应用的公式编号	(3-9)
数据描述	在 y 年，项目工程运行中消耗的电力
数据单位	MWh
数据来源	以电力供应单位提供的电费发票或者结算单等结算凭证上的数据为准
监测点要求	—
监测仪表要求	—
监测程序与方法要求	—
监测频次与记录要求	每年清算

(续表)

质量保证/质量控制程序要求	—
数据用途	用于计算基准线情景下项目所有工程运行过程中的温室气体排放
备注	—
数据/参数名称	**化石热力（$C_{operation,heatpower,y}$）**
应用的公式编号	(3-9)
数据描述	在 y 年，项目工程运行过程中消耗化石热力
数据单位	MJ
数据来源	以热力供应单位提供的供热发票或者结算单等结算凭证上的数据为准
监测点要求	—
监测仪表要求	—
监测程序与方法要求	—
监测频次与记录要求	每年清算
质量保证/质量控制程序要求	—
数据用途	用于计算基准线情景下项目所有工程运行过程中的温室气体排放
备注	—
数据/参数名称	**沼气理论产量（$C_{marshgas,theoretical,y}$）**
应用的公式编号	(3-12)
数据描述	在 y 年，项目沼气理论产量
数据单位	m^3
数据来源	通过原料量与发酵效率（可行性研究报告）估算
监测点要求	—
监测仪表要求	—
监测程序与方法要求	—
监测频次与记录要求	每年清算
质量保证/质量控制程序要求	—
数据用途	用于事前估算农村有机废弃物制沼气及综合利用过程中因物理泄漏温室气体量
备注	—

(续表)

数据/参数名称	理论产沼气 CH_4 质量分数（$\omega_{CH_4,\text{theoretical},y}$）
应用的公式编号	(3-12)
数据描述	在 y 年，项目理论产沼气 CH_4 质量分数
数据单位	—
数据来源	通过原料量与发酵效率估算
监测点要求	—
监测仪表要求	—
监测程序与方法要求	—
监测频次与记录要求	每年清算
质量保证/质量控制程序要求	—
数据用途	用于事前估算农村有机废弃物发酵制沼气及综合利用过程中因物理泄漏温室气体量
备注	—
数据/参数名称	沼气有效产量（$C_{\text{marshgas,effective},y}$）
应用的公式编号	(3-12)
数据描述	在 y 年，项目沼气有效产量
数据单位	m^3
数据来源	通过生物天然气、电力、热力产品及生产效率估算
监测点要求	—
监测仪表要求	—
监测程序与方法要求	—
监测频次与记录要求	每年清算
质量保证/质量控制程序要求	—
数据用途	用于事后估算农村有机废弃物制沼气及综合利用过程中因物理泄漏温室气体量
备注	—
数据/参数名称	有效产沼气 CH_4 质量分数（$\omega_{CH_4,\text{effective},y}$）
应用的公式编号	(3-12)
数据描述	在 y 年，项目有效产沼气 CH_4 质量分数
数据单位	—
数据来源	通过生物天然气、电力、热力产品及生产效率估算
监测点要求	—

(续表)

监测仪表要求	—
监测程序与方法要求	—
监测频次与记录要求	每年清算
质量保证/质量控制程序要求	—
数据用途	用于事后估算农村有机废弃物制沼气及综合利用过程中因物理泄漏温室气体量
备注	—
数据/参数名称	**沼渣产量（$C_{residue,y}$）**
应用的公式编号	(3-10)
数据描述	在 y 年，项目沼渣产量
数据单位	t
数据来源	项目监测设备或运行记录
监测点要求	—
监测仪表要求	—
监测程序与方法要求	—
监测频次与记录要求	称重
质量保证/质量控制程序要求	测量设备要定期校验以保证精度
数据用途	用于沼渣泄漏温室气体量
备注	—
数据/参数名称	**CH_4 的全球变暖潜势（GWP_{CH_4}）**
应用的公式编号	(3-2)、(3-3)、(3-11)、(3-12)
数据描述	CH_4 的全球变暖潜势
数据单位	—
数据来源	IPCC 最新评估报告
监测点要求	—
监测仪表要求	—
监测程序与方法要求	—
监测频次与记录要求	每年清算
质量保证/质量控制程序要求	—
数据用途	用于计算与 CH_4 有关的温室气体排放
备注	—

2. 数据抽样计划

无。

3. 监测计划的其他内容

项目业主将根据本项目选定的监测方法学执行监测程序。本监测方法学能保证减排和泄漏的记录精确且保守。

项目业主委派现场（项目活动地点）人员负责监测计划中全部监测工作，包括减排量监测，所需信息的收集和记录，质量控制以及核查。具体分工和管理结构见图3-1。

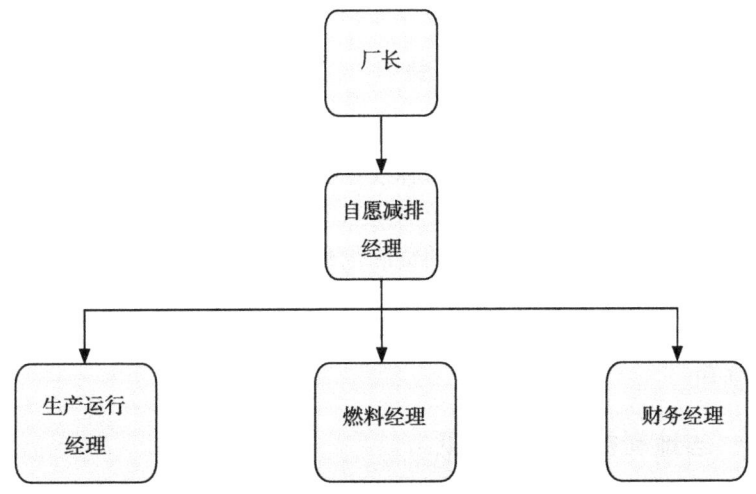

图3-1 自愿减排项目管理和分工结构

生产运行经理：负责全面管理监测计划的实施、数据资料的质量控制；负责电表的监测和校准、各生物质废弃物净热值的测量、电厂内化石燃料的消耗、沼气出口和进口数量，以及设备的维修保养。

燃料经理：负责生物质废弃物和粪便的收集，以及种类、数量、运输数据的记录整理。

财务经理：将监测数据和采购数据进行核对。

三、项目活动开始日期、寿命期限和计入期

（一）项目活动的开始日期

2022年8月10日（项目董事会决议时间）。

（二）预计的项目活动寿命期限

20 年。

（三）项目活动计入期

1. 计入期类型

可更新的计入期。

2. 计入期开始日期

2023 年 12 月 1 日。

3. 计入期长度

7 年×3 = 21 年，按 20 年计入。

四、环境影响及可持续发展

（一）环境影响分析和可持续发展效益分析

本项目通过利用当地丰富的农林废弃物资源以及畜禽养殖粪便等有机废弃物生产生物天然气和发电，以此满足当地的用气和电力需求，可以促进当地环境改善以及农林有机废弃物的资源化利用，并提供相应的就业岗位，实现可持续发展。

（二）环境影响评价

不适用。

五、当地利益相关方意见

通过集中访谈以及上门走访的形式对当地利益相关方的意见进行搜集。从结果来看，本项目所涉及的利益相关方百分之百支持本项目的实施，所涉及的农户认为通过本项目可以减少环境污染，并且可以为他们提供就业机会、增加他们的收入。襄阳市发展和改革委员会支持本项目的开展，认为本项目可以促进当地农业产业发展，同时可以有效减少农村有机废弃物造成的环境污染，有助于美丽乡村建设。

附录3 申请项目备案的企业法人联系信息

申请项目备案的企业法人联系信息如附表3-1所示。

附表3-1 申请项目备案的企业法人联系信息

法人名称：	湖北绿鑫生态科技有限公司
地址：	湖北省宜城市流水镇落花潭街道
邮政编码：	441000
电话：	—
传真：	—
电子邮件：	—
网址：	www.lxgreet.com
授权代表姓名：	周己铭（JIMMY Zhou）
职务：	副总经理
部门：	—
手机：	—
传真：	—
电话：	—
电子邮件：	—

第四章
通过施加石灰减少酸性橘园土壤氧化亚氮排放方法学

第一节 方法学

一、引言

氧化亚氮（N_2O）是一种强温室气体，其全球变暖潜势为 CO_2 的 298 倍，在对流层中性质相当稳定，滞留时间可达 150 年。N_2O 还会对大气臭氧层造成破坏，对全球环境及气候变化具有重要影响，故 N_2O 的排放问题已引起各国政府的普遍关注。我国南方地区水热条件优越，淋溶风化过程强烈而持久，故土壤多呈酸性；近年来随着集约化生产的发展和肥料的大量施用，土壤 pH 值呈下降趋势。土壤 pH 值降低通过对土壤理化性质及土壤微生物过程的影响，改变土壤碳氮循环过程和物质周转速度，进而影响作物的产量和品质。为阻控土壤酸化，农业上主要采取施用石灰类物质，因这类物质不仅能中和土壤酸性，提高土壤 pH 值，其所含钙、镁离子等还是作物所需要的养分。酸性土壤 pH 值升高不仅改善了作物生长的土壤条件，也改变了土壤微生物过程和土壤氮素循环转化过程的酶活性，从而使土壤 N_2O 排放显著降低。

我国是世界上最大的柑橘生产和消费国，柑橘产业在水果产业中占有重要地位。由于种植过程中有大量的肥料投入，加之柑橘根际酸性分泌物排放的影响，南方橘园土壤随着种植年限的增加出现酸化现象。为减缓或阻止这一酸化过程，施用石灰以提高土壤 pH 值是最简单的方式。为此，针对在橘园土壤施用石灰类等碱性物质以减少所产生的 N_2O 排放，实现橘园土壤 N_2O 的有效减排，特编写了本方法学。

为促进通过施加石灰减少 N_2O 排放这一新技术的全面应用和明确其温

室气体减排量，确保该技术项目所产生的减排量达到可测量、可报告、可核查的要求，根据《IPCC 2006 年国家温室气体清单指南 2019 修订版》，湖北大学中国农业暨典型行业碳减排碳交易研究中心、华中农业大学等一起编制了《通过施加石灰减少酸性橘园土壤氧化亚氮排放的方法学》。本方法学以农民常规施肥模式为基准线情景，在相同的施肥模式下施用石灰为项目情景，所属领域为农业。本方法学是新方法学，在 CDM、GS 和 VCS 批准的或审议中的方法学中没有通过石灰施加技术减少 N_2O 排放类别的方法学。

二、适用条件

本方法学适用于温室气体自愿减排交易体系下通过石灰施加技术减少 N_2O 排放产生的减排量的计量与监测。使用本方法学的项目活动必须满足以下条件：

①开展项目活动的农田权属清晰，具有县级以上人民政府核发的土地权属证书；

②项目活动不违反任何国家有关法律、法规和政策措施；

③项目参与方应有能力如实监测和记录项目实施阶段需监测的参数；

④本方法学主要适用对象为橘园，不适用于旱地作物、菜地、草地和其他果园；

⑤项目基准线情景为常规施肥，项目情景为常规施肥基础上施用石灰；

⑥项目开始时已经种植柑橘，且项目边界内的果园管理方式不发生明显变化；

⑦项目开始后果园施肥方式和施肥量没有发生明显变化，项目开始后果园的施肥同石灰的施用需在相同时间点完成；

⑧项目年减排总量应小于或等于 6 万 t CO_2e。

本方法学不适用于叶面施肥。

三、引用文件

本方法学遵循下列规范性文件的规定，在使用时以最新版本为准。

①《IPCC 2006 年国家温室气体清单指南 2019 修订版》（IPCC，2019）；

② NY/T 496《肥料合理使用准则　通则》；

③ GB/T 6274《肥料和土壤调理剂　术语》；

④ NY/T 1105《肥料合理使用准则　氮肥》；

⑤《省级温室气体清单编制指南（试行）》。

四、术语与定义

氮肥：具有氮（N）标明量，以提供植物氮养分为其主要功效的单一肥料。

施肥量：施于单位面积耕地或单位质量生长介质中的肥料或土壤调理剂或养分的质量或体积。

常规施肥：常规施肥也称习惯施肥，包括当地前3年平均施肥量（主要指氮、磷、钾肥）、施肥品种和施肥方法。

施肥方法：是指合理地向土壤投入作物所需养分的方法。

土壤酸化：土壤酸化是土壤退化的主要形式之一，是指在自然或人为因素影响下，土壤中盐基离子流失、氢离子和铝离子富集、土壤pH值降低的过程。

土壤酸度：土壤酸度是指土壤酸性强弱程度，一般用pH值来表示。

穴施与沟施：穴施是指将肥料施于穴内并用土将施肥穴填平的施肥方法。在柑橘施肥中，可采取穴施的方法。施肥时沿树冠滴水线周围挖直径0.6 m左右、深0.5 m左右的施肥穴4~6个，肥料施在穴底，并与一部分土壤混合均匀，再用土填平施肥穴。隔年开穴位置要轮换错开，以利于柑橘生长。沟施：是指沿树冠滴水线开长1.0~1.5 m、宽0.6 m、深0.5 m的长方形沟，把肥料施入沟内并用土覆盖的施肥方法。这种方式下沟底平，肥料与土壤接触面积大，容易被根系吸收。可在东、西、南、北4个方向开沟施肥，也可以在一个方向开沟施肥，每年开沟的位置应轮换。

施石灰：在作物生长期因改良土壤酸性而向土壤加入石灰的农事活动。橘园施石灰可在齐树冠滴水线下挖施肥沟沟施，也可以采取穴施。施石灰时要注意与土壤混匀以免烧根。山坡的果园施用石灰可采用半环状沟施的方法。

施肥周期：施肥周期即两次施肥的间隔时间。柑橘生长期长，一年可多次施肥。农民常常将施肥分为冬肥（还阳肥）、春肥（发芽肥）、花肥、（壮）果肥等。两次施肥之间的间隔因施肥不同而有差异。

N_2O直接排放：氮肥施用带来的土壤N_2O的直接排放。

N_2O间接排放：径流淋溶或大气氮沉降所带来的土壤N_2O排放。

事前项目边界：是在项目设计和开发阶段确定的项目边界，是计划实施项目活动的边界。

事后项目边界：是在项目活动开始后经过核实的实际项目活动边界。在实施阶段，经监测核实的为事后项目边界。

项目活动开始日期：项目活动开始日期是指实施在酸性橘园土壤施用石灰等碱性物质活动的开始日期。每年按一次施用计算。

项目活动计入期：项目活动开始后（或备案后），相对于基准线情景，项目活动产生的温室气体减排额度的计入周期。

五、项目边界及排放源（汇或库）

（一）项目边界

本方法学的项目边界是指开展石灰施加技术措施的地理范围。

项目边界包括项目参与方进行石灰施加技术活动的旱地所在的具体地理位置。一个项目活动可在若干个不同的地块上进行，但每个地块应有特定的地理边界。

项目边界可采用下述方法确定。

（1）卫星系统。包括全球定位系统、北斗卫星导航系统等，确定该项目活动的具体经度、纬度和海拔等。

（2）现场考察。使用大比例尺地形图（比例尺不小于1∶10 000）进行现场勾绘，结合全球定位系统、北斗卫星导航系统等定位系统进行精度控制。面积勾绘时要排除地块之间的道路、灌溉渠和田埂等非种植面积。

（二）项目边界内的温室气体种类和排放源选择

基准线情景和项目活动包括的温室气体排放源见表4-1。

表4-1 基准线情景和项目活动包括的温室气体排放源

类别	排放源	温室气体种类	是否包括	理由/解释
基准线情景	橘园土壤直接排放	CO_2	否	简化排除
		CH_4		
		N_2O	是	主要N_2O排放源
	橘园土壤间接排放	N_2O	是	主要N_2O排放源
	农机化石燃料消耗	$CO_2/CH_4/N_2O$	否	简化排除

(续表)

类别	排放源	温室气体种类	是否包括	理由/解释
项目活动	施用石灰后橘园土壤直接排放	CO_2	否	简化排除
		CH_4	否	简化排除
		N_2O	是	主要 N_2O 排放源
	施用石灰后橘园土壤间接排放	N_2O	是	主要 N_2O 排放源
	农机燃料消耗	$CO_2/CH_4/N_2O$	否	简化排除

鉴于基准线情景下排放量与项目情景下的排放量存在显著差异，本方法学依据谨慎原则，对基准线排放考虑较严格。

基于旱地土壤 CH_4 以吸收为主，本项目依据保守性原则，作简化处理。

六、减排量核算方法学

(一) 基准线情景识别

项目基准线情景为项目区域内常规氮肥施用量，项目情景为在常规施氮的基础上使用石灰施加技术。

(1) 如果在项目区域所在的县、市有相关部门公布了相关作物的推荐施肥量或当地常规施肥量，那么基准线情景为所推荐的施肥量或常规施肥量。

(2) 如果在项目区域所在的县、市相关部门处查询不到相关作物的推荐施肥量或当地常规施肥量，基准线情景下的施氮量可通过项目所在地基层农业科技服务站历年施肥记录获得。一般可按照项目实施前 3 年的施用量进行计算。

(二) 额外性论证

年减排量小于 2 万 t CO_2e 的项目可以免除额外性论证。

本项目年减排量为 2 万~6 万 t CO_2e，按照方法学的要求，项目参与方需论证项目活动是不是普遍性实践。项目活动一旦被论证不是普遍性实践，即被认定在其计入期内具有额外性。

项目活动是普遍性实践的情形：项目参与方需提供说明，项目存在下列障碍之一，将导致拟议项目活动将无法开展实施，因而具备额外性。

(1) 资金障碍。如缺少财政补贴或非商业性投资、没有来自国内国际的民间资本、不能进行融资、缺少信贷的途径等。

(2) 技术障碍。缺乏石灰施用技术、缺乏训练有素的生产人员和技术人员使用和维护新技术。

(3) 其他障碍。如信息障碍、机制/体制障碍、组织/管理能力障碍等导致的较高的项目活动温室气体排放。

(三) 基准线情景下氧化亚氮排放计算

基准线排放是在没有项目活动的情况下，基准线情景下酸性橘园土壤 N_2O 排放量。

基准线情景下酸性橘园土壤 N_2O 排放量等于直接排放量和间接排放量之和。

$$E_{N_2Ob} = E_{N_2ObD} + E_{N_2ObIND} \tag{4-1}$$

其中：

E_{N_2Ob}——基准线情景下单位面积（hm^2）酸性橘园土壤 N_2O 排放量，kg/a；

E_{N_2ObD}——基准线情景下单位面积（hm^2）酸性橘园土壤 N_2O 直接排放量，kg/a；

E_{N_2ObIND}——基准线情景下单位面积（hm^2）酸性橘园土壤 N_2O 间接排放量，kg/a。

1. 直接排放

N_2O 直接排放源于氮肥的施用，根据柑橘生长季氮肥实际施用来计算，以公式（4-2）计算酸性橘园土壤 N_2O 直接排放量。

$$E_{N_2ObD} = N_{Fb} \times EF_1 \tag{4-2}$$

其中：

E_{N_2ObD}——基准线情景下单位面积（hm^2）酸性橘园土壤 N_2O 直接排放量，kg/a；

N_{Fb}——基准线情景下单位面积（hm^2）酸性橘园土壤中氮肥的施用量，kg/a；

EF_1——氮肥施入的 N_2O 排放因子（缺省值为 0.022，不确定性 0.002 6~0.022）。

2. 间接排放

酸性橘园土壤 N_2O 间接排放是指氮肥施入后，在土壤中转化为氨（NH_3）和氮氧化物（NO_x），挥发进入大气，经过大气氮沉降再进入土壤而引起的 N_2O 排放，以及肥料氮经淋溶或径流损失进入水体而引起的 N_2O 排放。

氮肥施用引起的酸性橘园土壤 N_2O 间接排放量计算公式如下：

$$E_{N_2ObIND} = E_{N_2Obs} + E_{N_2Obl} \tag{4-3}$$

其中：

E_{N_2ObIND}——基准线情景下单位面积（hm^2）酸性橘园土壤 N_2O 间接排放量，kg/a；

E_{N_2Obs}——基准线情景下氮肥施入引起的大气氮沉降产生的 N_2O 间接排放量，kg/a；

E_{N_2Obl}——基准线情景下氮肥施入引起的氮淋溶和径流产生的 N_2O 间接排放量，kg/a。

大气氮沉降引起的 N_2O 间接排放量计算公式如下：

$$E_{N_2Obs} = N_{Fb} \times \text{Frac}_{GASF} \times EF_2 \quad (4-4)$$

其中：

E_{N_2Obs}——基准线情景下氮肥施入引起的大气氮沉降产生的 N_2O 间接排放量，kg/a；

N_{Fb}——基准线情景下单位面积（hm^2）酸性橘园土壤中氮肥的施用量，kg/a；

Frac_{GASF}——以 NH_3 和 NO_x 形式挥发的肥料氮的比例，kg/kg（缺省值为 0.10，不确定性范围为 0.03~0.30）；

EF_2——在土壤和水面，大气氮沉降产生的 N_2O 排放的排放因子（缺省值为 0.01，不确定性 0.002~0.050）。

淋溶、径流引起的间接排放量计算公式如下：

$$E_{N_2Obl} = N_{Fb} \times \text{Frac}_{LEACH} \times EF_3 \quad (4-5)$$

其中：

E_{N_2Obl}——基准线情景下化学肥料施入引起的氮淋溶和径流产生的 N_2O 间接排放量，kg/a；

N_{Fb}——基准线情景下单位面积（hm^2）酸性橘园土壤中氮肥的施用量，kg/a；

Frac_{LEACH}——在淋溶/径流发生地区，土壤中通过淋溶和径流损失的肥料氮的比例，kg/kg（缺省值为 0.20，不确定性范围为 0.1~0.8）；

EF_3——氮淋溶和径流引起的 N_2O 排放的排放因子（缺省值为 0.007 5，不确定性范围为 0.000 5~0.025）。

柑橘种植范围内基准线情景下年度 N_2O 排放量计算公式如下：

$$BE_{N_2O} = A \times E_{N_2Ob} \quad (4-6)$$

其中：

BE_{N_2O}——柑橘种植范围内基准线情景下 N_2O 排放量，kg/a；

E_{N_2Ob}——基准线情景下单位面积（hm^2）酸性橘园土壤 N_2O 排放量，kg/a；

A——项目范围内的柑橘种植面积，hm^2。

（四）项目活动下氧化亚氮排放计算

项目采用石灰施用技术，其 N_2O 排放量按照项目实施期间的氮肥实际施用量来计算。

项目情景为在酸性橘园土壤中施用石灰的情景，该情景下的 N_2O 排放量为农田按照项目要求施用氮肥所产生的 N_2O 直接排放量和间接排放量之和，计算公式如下：

$$E_{N_2OP} = E_{N_2OPD} + E_{N_2OPIND} \quad (4-7)$$

其中：

E_{N_2OP}——项目情景下单位面积（hm^2）酸性橘园土壤 N_2O 排放量，kg/a；

E_{N_2OPD}——项目情景下单位面积（hm^2）酸性橘园土壤 N_2O 直接排放量，kg/a；

E_{N_2OPIND}——项目情景下单位面积（hm^2）酸性橘园土壤 N_2O 间接排放量，kg/a。

1. 直接排放

施加石灰后柑橘种植的 N_2O 直接排放量按照公式（4-8）计算：

$$E_{N_2OPD} = N_{FP} \times EF_1 \quad (4-8)$$

其中：

E_{N_2OPD}——项目情景下单位面积（hm^2）酸性橘园土壤 N_2O 直接排放量，kg/a；

N_{FP}——项目情景下单位面积（hm^2）酸性橘园土壤中氮肥的施用量，kg/a；

EF_1——氮肥施入产生的 N_2O 排放因子（缺省值为 0.010 9，不确定性 0.002 6~0.022）。

2. 间接排放

酸性橘园土壤 N_2O 间接排放是指氮肥施入后，在土壤中转化为 NH_3 和 NO_x，挥发进入大气，经过大气氮沉降再进入土壤而引起的 N_2O 排放，以及肥料氮经淋溶或径流损失进入水体而引起的 N_2O 排放。

施加石灰后柑橘种植的 N_2O 间接排放量按照公式（4-9）计算：

$$E_{N_2OPIND} = E_{N_2OPS} + E_{N_2OPL} \tag{4-9}$$

其中：

E_{N_2OPIND}——项目情景下单位面积（hm^2）酸性橘园土壤的 N_2O 间接排放量，kg/a；

E_{N_2OPS}——项目情景下大气氮沉降引起的 N_2O 间接排放量，kg/a；

E_{N_2OPL}——项目情景下淋溶、径流引起的 N_2O 间接排放量，kg/a。

大气氮沉降引起的 N_2O 间接排放量按照公式（4-10）计算：

$$E_{N_2OPS} = N_{FP} \times Frac_{GASF} \times EF_2 \tag{4-10}$$

其中：

E_{N_2OPS}——项目情景下大气氮沉降引起的 N_2O 间接排放量，kg/a；

N_{FP}——项目情景下单位面积（hm^2）酸性橘园土壤中氮肥的施用量，kg/a；

$Frac_{GASF}$——以 NH_3 和 NO_x 形式挥发的肥料氮的比例，kg/kg（缺省值为 0.10，不确定性范围为 0.03~0.30）。

EF_2——在土壤和水面，大气氮沉降产生的 N_2O 排放的排放因子（缺省值为 0.01，不确定性 0.002~0.05）。

淋溶、径流引起的 N_2O 间接排放量按照公式（4-11）计算：

$$E_{N_2OPL} = N_{FP} \times Frac_{LEACH} \times EF_3 \tag{4-11}$$

其中：

E_{N_2OPL}——项目情景下淋溶、径流引起的 N_2O 间接排放量，kg/a；

N_{FP}——项目情景下单位面积（hm^2）酸性橘园土壤中氮肥的施用量，kg/a；

$Frac_{LEACH}$——在淋溶/径流发生地区，土壤中通过淋溶和径流损失的肥料氮的比例，kg/kg（缺省值为 0.20，不确定性范围为 0.1~0.8）；

EF_3——氮淋溶和径流引起的 N_2O 排放的排放因子（缺省值为 0.007 5，不确定性范围为 0.000 5~0.025）。

根据公式（4-12）计算施用石灰后柑橘种植项目情景下 N_2O 排放量。

$$PE_{N_2O} = A \times E_{N_2OP} \tag{4-12}$$

其中：

PE_{N_2O}——柑橘种植范围内项目情景下 N_2O 排放量，kg/a；

E_{N_2OP}——项目情景下单位面积（hm^2）酸性橘园土壤 N_2O 排放量，kg/a；

A——项目范围内的柑橘种植面积，hm^2。

农用地 N_2O 直接排放因子确定：《IPCC 2006 年国家温室气体清单指南 2019 修订版》确定的排放因子为 0.010 9（不确定性 0.002 6~0.022），但根据保守原则，应该考虑对环境影响最大的情况，所以本方法学建议基准线情景和项目情景土壤 N_2O 的直接排放因子 EF_1 采取保守数值，即都采用《IPCC 2006 年国家温室气体清单指南 2019 修订版》所确定数值的最大值 0.022。

农用地 N_2O 间接排放因子确定：大气氮沉降引起的 N_2O 排放因子建议采用《IPCC 2006 年国家温室气体清单指南 2019 修订版》的默认值 0.01；氮淋溶和径流损失引起 N_2O 排放因子建议采用《IPCC 2006 年国家温室气体清单指南 2019 修订版》提供的默认值 0.007 5。

（五）项目泄漏计算

本方法学不考虑项目活动对项目边界外的温室气体排放的影响，对项目活动中农事机械、耕作及其他操作所引起的少量温室气体排放均作简化处理，因其与基准线活动一致。此外，本方法学主要关注施用石灰技术提高土壤 pH 值而带来的土壤 N_2O 减排效果，因该农事操作不会引起 CO_2 排放增加；此外，柑橘地属于好氧环境土壤可吸收甲烷，本方法学亦忽略不计。

（六）项目减排量核算

项目产生的减排量按公式（4-13）计算：

$$RE_{N_2OF} = BE_{N_2O} - PE_{N_2O} \qquad (4-13)$$

其中：

RE_{N_2OF}——项目范围内因采取施用石灰使土壤 pH 值提高而产生的 N_2O 减排量，kg/a；

BE_{N_2O}——柑橘种植范围内基准线情景下的 N_2O 排放量，kg/a；

PE_{N_2O}——柑橘种植范围内项目情景下的 N_2O 排放量，kg/a。

项目总碳减排量按公式（4-14）计算：

$$RE_{CO_2e} = RE_{N_2OF} \times 298 \qquad (4-14)$$

其中：

RE_{CO_2e}——在项目范围内，使用石灰施用技术可以减少的 CO_2e，kg/a；

298——在 100 年尺度上 N_2O 的全球变暖潜势是 CO_2 的 298 倍。

七、监测方法学

（一）项目设计阶段确定的参数和数据

应明确在项目设计阶段确定的参数和数据，即在项目计入期内不再变化、不需要监测的参数和数据。

计入期指项目活动相对于基准线情景产生额外的温室气体减排量的时间区间，计入期不应超过项目活动的寿命期限。

项目设计阶段应确定的参数和数据见表4-2。

表4-2 项目设计阶段确定的参数和数据

数据/参数名称	氮肥施用量（N_{Fb}）
应用的公式编号	(4-2)、(4-4)、(4-5)
数据描述	基准线情景下柑橘种植范围内单位面积（hm^2）土壤中氮肥的施用量
数据单位	kg/a
数据来源	现场称量
数据选用的合理性	—
数值（如有）	—
数据用途	用于基准线情景下，计算 N_2O 直接排放量
备注	—
数据/参数名称	N_2O 直接排放因子（EF_1）
应用的公式编号	(4-2)、(4-8)
数据描述	N_2O 直接排放因子
数据单位	—
数据来源	《IPCC 2006年国家温室气体清单指南2019修订版》
数据选用的合理性	—
数值（如有）	0.022
数据用途	用于基准线情景和项目情景，计算 N_2O 直接排放量
备注	—
数据/参数名称	N_2O 排放的排放因子（EF_2）
应用的公式编号	(4-4)、(4-10)
数据描述	在土壤和水面，大气氮沉降产生的 N_2O 排放的排放因子
数据单位	—
数据来源	《IPCC 2006年国家温室气体清单指南2019修订版》
数据选用的合理性	—
数值（如有）	0.01
数据用途	用于基准线情景和项目情景，计算大气氮沉降导致的 N_2O 间接排放量
备注	—
数据/参数名称	N_2O 排放的排放因子（EF_3）
应用的公式编号	(4-5)、(4-11)

(续表)

数据描述	氮淋溶和径流引起的 N_2O 排放的排放因子
数据单位	—
数据来源	《IPCC 2006 年国家温室气体清单指南 2019 修订版》
数据选用的合理性	—
数值（如有）	0.007 5
数据用途	用于基准线情景和项目情景，计算淋溶和径流产生的 N_2O 间接排放量
备注	—
数据/参数名称	**挥发肥料氮的比例（$Frac_{GASF}$）**
应用的公式编号	(4-4)、(4-10)
数据描述	以 NH_3 和 NO_x 形式挥发的肥料氮的比例
数据单位	kg/kg
数据来源	—
数据选用的合理性	—
数值（如有）	0.10
数据用途	用于基准线情景和项目情景，计算大气氮沉降导致的 N_2O 间接排放量
备注	—
数据/参数名称	**淋溶和径流损失肥料氮的比例（$Frac_{LEACH}$）**
应用的公式编号	(4-5)、(4-11)
数据描述	土壤中通过淋溶和径流损失的肥料氮的比例
数据单位	kg/kg
数据来源	—
数据选用的合理性	—
数值（如有）	0.20
数据用途	用于基准线情景和项目情景，计算淋溶和径流产生的 N_2O 间接排放量
备注	—
数据/参数名称	**柑橘种植面积（A）**
应用的公式编号	(4-6)、(4-12)
数据描述	项目范围内柑橘的种植面积
数据单位	hm^2
数据来源	现场测量
数据选用的合理性	—
数值（如有）	—
数据用途	用于计算项目总减排量

(二)项目实施阶段需监测的参数和数据

本方法学涉及的所有监测数据须按相关标准进行监测和测定(应考虑CDM方法学一般指南所述的适用要求)。监测各项参数见表4-3。

表4-3 项目实施阶段需监测的参数和数据

数据/参数名称	氮肥施用量(N_{FP})
应用的公式编号	(4-8)、(4-10)、(4-11)
数据描述	项目情景下柑橘种植范围内单位面积(hm^2)土壤中氮肥的施用量
数据单位	kg/a
数据来源	现场称量
监测点要求	—
监测仪表要求	标准误差:±1 kg
监测程序与方法要求	重复称量3次取平均值
监测频次与记录要求	—
质量保证/质量控制程序要求	精度:0.2%; 校验频率:每年
数据用途	计算项目情景下N_2O直接和间接排放量
备注	—
数据/参数名称	**柑橘种植面积(A)**
应用的公式编号	(4-6)、(4-12)
数据描述	项目范围内的柑橘种植面积
数据单位	hm^2
数据来源	现场测量
数据选用的合理性	—
数值(如有)	—
数据用途	用于计算项目总减排量

(三)项目实施及监测的数据管理要求

1. 监测农户的管理措施

为确保项目活动按照项目规定的管理措施进行管理,确保参照地块的观测值能代表项基准线的排放情况,需为项目中的所有地块建立管理手册。管理记录手册应包含以下内容:

①施肥日期、施用石灰日期；
②氮肥施用量、品种、施肥方法；
③播种、收获时间；
④产量。

项目参与方应保证项目区与参照地块的管理方式一致，若农户没有按照管理手册进行田间管理，则该地块的 N_2O 排放不具有参考意义，在综合计算项目情景下 N_2O 排放时，应排除这些地块，才能得到较为准确的、遵循项目管理规定的 N_2O 减排量。

审定和核查应基于抽样和农户的管理措施记录簿，应遵循最新版本的《CDM 项目活动和规划类项目活动的取样和调查标准》。

项目参与方应该建立一个数据库，数据库包括能明确识别参与项目的橘园信息，包括农户的姓名和住址、项目地块面积等。

2. 化学肥料用量监测

项目开始后，应当按照作物类型将项目范围内的橘园分为不同的区块，监测项目区内每个区块化学肥料的使用量。

3. 监测设备

设备名称：秤。

检测仪表要求：标准误差±1 kg。

监测程序与方法要求：重复称量 3 次取平均值。

检测质量保证：精度要达到 0.2%，并且每年要进行精准度校验。

4. 数据监测

作为监测部分而收集的所有数据应该保存电子档和纸质档（酌情），同时在计入期结束后至少保存 2 年。所有测量仪表需要满足相关行业标准规定的技术规范、精度和误差要求，并根据行业标准规定的校验设备、校准程序步骤和频次要求，定期校验。

此外，本方法学引用的方法学工具中规定的监测要求也需要遵守。

八、项目审定与核查要点

(一) 审定要点

1. 项目资格审定条件

CCER 项目须在 20××年××月××日之后开工建设，并满足《温室气体自愿减排项目审定与核证指南》中关于项目资格审定的四项规定之一。

2. 项目设计文件

项目设计文件的编写应依据从国家主管机构网站上获取的最新格式和填写指南。审定机构应对提交的项目设计文件的格式和完整性进行审定。

3. 项目描述

审定机构应通过现场访问的方式对项目设计文件的完整性和准确性进行审查，确认其符合《温室气体自愿减排项目审定与核证指南》中对清晰性的要求，文件中规定的其他和特殊情况除外。

4. 方法学选择

审定机构应审查项目设计文件中方法学选择部分的论证过程，确认方法学的适用条件得到满足，且项目活动不产生方法学包含范围外的减排量。如不能确认应按《温室气体自愿减排项目审定与核证指南》中相应规则处理，并暂停审定工作。

5. 项目边界

审定机构可根据现场观察和文件评审来确定项目边界选择是否合理，超过排放源1%的偏差可启动方法学的澄清、修订或偏移。

6. 基准线识别

审定机构应根据《温室气体自愿减排项目审定与核证指南》要求，考虑所有合理替代方案并通过其他可靠信息源对基准线情景进行交叉核对。

7. 额外性

审定机构应依据方法学类型区分额外性论证要求。需要进行额外性论证的应根据《温室气体自愿减排项目审定与核证指南》要求对额外性进行审定。主要考察项目是否事先考虑减排机制带来的效益；项目可以从投资分析和障碍分析之间选定一个角度进行额外性论证，大型项目还需要进行普遍性实践分析。

8. 减排量计算

审定机构应按照《温室气体自愿减排项目审定与核证指南》相关要求对减排量计算过程中的数据来源的可靠性、参数选取的准确性和计算的规范性进行审查。

9. 监测计划

审定机构应按照《温室气体自愿减排项目审定与核证指南》中的五项要求对项目设计文件中的监测计划进行审查。

(二) 核证要求

核证要求分为减排量的核证要求和项目备案后变更的审定要求。

1. 减排量核证要求

（1）减排量唯一性。核证机构确认减排量未通过其他机制签发。

（2）项目实施与设计文件的符合性。核证机构现场访问确认项目实施符合设计文件，识别变更并确认项目实施符合方法学。

（3）监测计划与方法学的符合性。核证机构确认监测计划符合方法学，不符则在核证报告以附件形式附上监测计划修订申请。

（4）监测与监测计划的符合性。核证机构应确认项目监测活动符合监测计划，包括参数监测、设备维护与校准、记录频次、质量控制程序的实施等。

（5）校准频次的符合性。如监测方法学或监测计划中有相应要求，核证机构应确认项目业主按计划对监测设备进行校准。

（6）减排量计算结果的合理性。核证机构应按方法学及备案的项目设计文件对减排量计算过程中使用的所有参数、数据以及减排量计算结果进行核证。核证过程应符合《温室气体自愿减排项目审定与核证指南》的相关规范。

2. 项目备案后变更审定要求

（1）监测计划或方法学临时偏移。核证机构应确认偏移发生的确切日期及影响，要求项目业主保守处理。

（2）项目信息或参数纠正。核证机构应确认项目业主对信息或数据的纠正行为反映项目实际并符合方法学及监测计划。

（3）计入期开始时间变更。核证机构应确认变更的时间点处于更保守的基准线上。

（4）监测计划或方法学永久性变更。核证机构应按照《温室气体自愿减排项目审定与核证指南》的要求对监测计划或方法学永久性变更对项目的影响进行评估，以保守原则要求业主开展相关调整。

（5）项目设计变更。核证机构应现场访问确认该变更不会导致规模、额外性、方法学适用性、监测及监测计划的一致性的变化，否则出具负面审定意见。

九、方法学编制说明

(一) 牵头编制单位、联系人及联系方式

牵头单位：湖北大学中国农业暨典型行业碳减排碳交易研究中心。

联系人：张金鑫。

联系方式：zhangjinxin999@foxmail.com。

(二) 主要编写人员

主要编写人员见表4-4。

表4-4 主要编写人员

序号	人员姓名	单位名称	专业	职称
1	王红玲	湖北大学中国农业暨典型行业碳减排碳交易研究中心	农业碳减排与碳交易	教授
2	胡荣桂	华中农业大学	土壤过程与环境效应	教授
3	张金鑫	湖北大学中国农业暨典型行业碳减排碳交易研究中心	人口、资源与环境经济学	研究员
4	陈洪建	湖北大学中国农业暨典型行业碳减排碳交易研究中心	农业绿色低碳发展	研究员
5	林 杉	华中农业大学	土壤学	副教授
6	王 砚	华中农业大学	环境工程	副教授
7	刘彩波	湖北大学中国农业暨典型行业碳减排碳交易研究中心	人口、资源与环境经济学	副教授
8	费 扬	华中农业大学	生态学	—
9	唐念念	华中农业大学	生态学	—

(三) 编制背景详细说明

1. 编制目的、编制原则、编制过程,以及数据采集和计算方法选取的考虑

柑橘是热带和亚热带常绿果树,近年来随氮肥的大量施用,橘园土壤酸化问题日趋严重,不仅制约了其产量和品质,也威胁到生态环境质量。研究表明,全球人为排放的 N_2O 的60%以上来源于农业土壤,氮肥施用引起土壤酸化可导致土壤 N_2O 增排、肥料利用效率降低、环境风险增加。为提高肥料氮利用率、减少肥料资源浪费、保护生态环境,采取有效措施减缓橘园土壤酸化进程并对温室气体的排放进行减缓和控制,对保护生态环境和保障农业的可持续发展具有重要意义。施用石灰是最传统且效果显著的酸性土壤改良剂,石灰可快速提高土壤pH值,显著改善酸性橘园土壤上柑橘的生长,明显减缓橘园 N_2O 排放。为了规范在酸性橘园土壤通过石灰施用技术的应用所产生的 N_2O 减排量的计量和监测方法,确保排放量可计量、可核查和可复制,使项目的最终评价具有公正性、成本有效性和可操作性等,故编制本方法学。

方法学编制遵循科学性、准确性、保守性、适用性、可操作性和前瞻性原则。方法学编制依托的具体技术或项目具有较为显著的温室气体减排效果和低碳示范效应，有利于促进种植业节能减排，有利于推进减污降碳协同增效，有利于引导社会绿色低碳发展，有利于推动实现"碳达峰""碳中和"目标。

编制本方法学的过程中，团队成员、专家等相关人员一起深入调研、分析和讨论。借鉴国内外学者关于温室气体排放及核算的研究成果，保证方法学编制内容科学、有效、真实，符合我国农业生产实际和国际编制规则和规范。

在酸性橘园土壤中施用生石灰后，进行 N_2O 排放量的数据采集，根据项目情景下的 N_2O 排放量与基准线情景下 N_2O 排放量的差值，得出在本项目情景下减少的 N_2O 排放量，计算方法参考《IPCC 2006 年国家温室气体清单指南 2019 修订版》。

2. 方法学的行业背景情况、技术现状

针对化学肥料过量使用、施肥结构与方法不合理等现状，我国逐步开始实行在酸性橘园土壤中施加生石灰，该技术能平衡、合理地补充土壤中的钙、镁，降低铝毒，使柑橘能够充分地吸收营养，实现养分吸收和元素配比的平衡，提高柑橘对肥料的利用率。

大量的研究证实，石灰施用技术可显著减少 N_2O 排放量，但目前未见相关减排方法学。本方法学是目前仅见的以石灰施用技术带来的能够在酸性橘园土壤中降低土壤酸度以及 N_2O 减排上的应用，相信随着"碳达峰""碳中和"战略以及 CCER 的发展，该方法学会显示出其巨大的优越性，同时，类似的方法学也会随着本方法学的应用而逐渐被开发出来。

3. 方法学对推动实现"碳达峰""碳中和"目标、促进重点行业节能减排、推进减污降碳协同增效、引导社会绿色低碳发展的重要意义

本方法学主要明确石灰施用量与核算 N_2O 减排量。因此，方法学的应用不仅有利于区域资源更加合理的配置、农业的高质高效绿色发展，并减少氮素在环境中的损失；更重要的是将推动节能减排、减少农业领域的碳排放，为实现农业领域的碳中和提供有效途径。

在化石能源、交通等引起大量碳排放的领域得到控制后，农业源碳排放将在国家温室气体清单中占有更大的比重，其减排压力将更为严峻。为此，先行明确并找到农业源碳减排的措施和减排量核算方法，对推动和实现"碳达峰""碳中和"目标有重要意义。此外，该方法学的实施，将为我国

CCER 市场建设作出贡献。同时，减排所获得的效益在返回农业领域后，对农业的持续发展、新农村建设有着持久而巨大的环境效益、社会效益和生态效益。

4. 方法学所使用的减排技术的成本效益分析

不考虑本方法学给柑橘带来的增产效果和方法学所涉及的通过施用石灰降低土壤酸度以及相关环境效益、社会效益与生态效益，仅考虑施用石灰技术带来的 N_2O 减排经济效益。

方法学涉及的减排技术，其使用成本主要表现在技术推广、农民培训、土壤检测和石灰用量拟定，以及项目监测、核查等方面。按照每亩 0.3 元计算技术成本。

5. 预测方法学在全国范围内应用的项目前景，估算可实现的减排量

柑橘作为中国第一大水果，其产量和面积均居世界第一。1980 年代至今，我国包括柑橘在内的果树种植面积和产量基本上保持着快速增加的趋势。据国际粮农组织统计数据，在 1980—2020 年，种植面积从不到 $2.5×10^5$ hm^2 增加至 $28×10^5$ hm^2，产量从不到 200 万 t 增加到 5 000 万 t 以上。柑橘种植主要分布在热带和亚热带地区，包含 19 个省（自治区、直辖市），其中广西、四川、湖南、江西、广东、湖北、重庆、福建和云南等地的山区是柑橘重要分布地区，柑橘种植在助力乡村振兴中起到非常重要的作用。近年来，不当的人为农业措施，特别是铵态氮肥和部分酸性磷肥等化学肥料的大量施用，均大大加快了橘园土壤酸化进程，橘园酸化面积逐渐增多，施用石灰是一项传统而有效的酸性土壤改良措施，可以缓解土壤酸度危害，减轻酸性土壤对作物生长的不利影响，同时降低铝毒，促进柑橘植株生长。

研究表明，施用石灰能有效减少土壤 N_2O 排放。因此，石灰施用技术在实现碳减排方面有很好的应用前景，本方法学的应用，将有利于促进农业生产过程中节本增效、农业的绿色发展，推动减排和"碳达峰""碳中和"目标的实现。

第二节　方法学应用项目案例

以"湖北当阳市橘园温室气体自愿减排项目"为案例，诠释本方法学的实际应用，项目设计文件见表 4-5。

表 4-5　温室气体自愿减排项目设计文件

项目活动名称	湖北当阳市橘园温室气体自愿减排项目
项目所属行业领域	农业
项目设计文件版本	V01
项目设计文件完成日期	2023 年 9 月 10 日
项目业主	当阳市富乐无核椪柑专业合作社
所选择的方法学	《通过施加石灰减少酸性橘园土壤氧化亚氮排放的方法学》
计入期类型及起止时间	固定计入期，2024 年 1 月 1 日—2029 年 12 月 30 日
预计的温室气体年减排量	2 439 t CO_2e

一、项目活动描述

(一) 项目活动的目的和概述

1. 项目活动目的

气候变化是当今人类面临的最为严峻的全球性环境问题，农业是非 CO_2 温室气体排放的主要来源。在农业生产过程中，不同耕作方式、施肥、灌溉等都会影响土壤温室气体排放。旱地 N_2O 排放与氮肥施用量有关，占土壤 N_2O 排放的 25%~84%。旱地 N_2O 排放主要来自土壤硝化和反硝化作用，而土壤 pH 值显著影响反硝化过程进行的程度，进而控制着土壤 N_2O 排放。

大量调查研究表明，我国农田土壤存在酸化现象，pH 值的变化不仅显著影响土壤营养物质的有效性，也会影响土壤 N_2O 排放。为此，农业上为改良土壤酸性而施用石灰这一措施在提高土壤 pH 值的同时，会降低土壤 N_2O 排放。

针对酸性土壤施用石灰提高土壤 pH 值且可以减少土壤 N_2O 排放这一特性，利用新开发的方法学，对中国南方广泛分布的橘园在施用石灰条件下的 N_2O 减排进行核算，旨在获得高产高效益的同时，实现农业温室气体减排进而使柑橘种植户获得碳减排方面的经济实惠。

2. 项目活动概述

施用石灰是改良土壤酸性的主要措施。柑橘适宜的土壤 pH 值为 5.5~6.5，但在部分橘园，由于土壤本身或施肥等管理上的问题，土壤 pH 值低于5，甚至低于4.5。土壤pH值过低，不仅会影响氮、磷、钾和大部分微量元素的有效性，还会引起铁、铝毒害，以及黄龙病等病害。为此，施用石灰是橘园常用的增产措施之一。

在土壤pH值低于5的橘园，增产措施中一般会建议施用石灰。大量的研究表明，在相同施肥条件下，低pH值土壤其pH值每提高一个单位，土壤N_2O排放可减少三分之一。基于这一特性，选择pH值低的橘园，开展以施石灰为主要措施的土壤N_2O排放是一项非常经济实惠的温室气体减排策略。

旱地温室气体减排一直是农业与环境领域关注的热点问题，而橘园氮肥施用量高，所以，在其他管理和施肥不发生根本性变化的条件下，施用石灰不仅是一项有力的农业增产措施，也是实践低碳农业战略的重要途径。本项目属于针对合作社管理和协作的10 000亩柑橘开展通过施用石灰实现N_2O减排的项目，年减排量为2 439 t CO_2e。

3. 项目批复情况

本项目依据《通过施加石灰减少酸性橘园土壤氧化亚氮排放方法学》（V01），以当地农民传统施肥模式为基准线情景，以施用石灰为项目情景，并对项目的环境生态效应进行分析。该项目为农户在合作社指导下开展具体工作，不存在项目审批。

（二）项目活动地点

1. 省/直辖市/自治区

湖北省当阳市。

2. 市/县/乡（镇）/村

当阳市半月镇。

3. 项目地理位置

当阳市位于湖北省中西部，地理位置在东经111°32′~112°04′、北纬30°30′~31°11′之间，东部与荆门市交界，南部邻荆州市、枝江市，西部接宜昌市夷陵区，北部与远安县接壤，区域面积2 149.71 km²。当阳市是湖北省辖县级市、由宜昌市代管。截至2022年10月，当阳市辖3个街道、7个镇。2021年年底，当阳市常住人口41.75万人。

（三）采用的技术和（或）措施

施用石灰。

二、基准线和监测方法学的应用

(一) 引用的方法学名称

《通过施加石灰减少酸性橘园土壤氧化亚氮排放的方法学》。

(二) 方法学适用性

本方法学的适用条件包括：

①适用对象为橘园；

②项目开始后项目边界内的耕作管理方式，特别是灌溉方式不发生明显变化；

③ N_2O 排放量监测数据为施肥后 1 个月内频繁监测；

④非灌溉橘园。

(三) 项目边界

项目边界包括项目参与方进行石灰施用的具体地理位置，该项目活动可在一个或多个的独立地块进行。本项目 1 万亩橘园位于当阳市半月镇凤凰山，主要在春光村范围内。

项目边界可采用下述方法确定。

（1）卫星系统。全球定位系统、北斗卫星导航系统等，确定该项目活动的具体经度、纬度和海拔等。

（2）现场考察。使用大比例尺地形图（比例尺不小于 1∶10 000）进行现场勾绘，结合全球定位系统、北斗卫星导航系统等定位系统进行精度控制。面积勾绘时要排除地块之间的道路、灌溉渠和非种植面积。

基准线情景和项目活动包括的温室气体排放源见表 4-6。

表 4-6 基准线情景和项目活动包括的温室气体排放源

类别	排放源	温室气体种类	是否包括	理由/解释
基准线情景	土壤直接排放	CH_4	否	简化排除
		CO_2	否	简化排除
	土壤间接排放	N_2O	是	主要 N_2O 排放源
		N_2O	是	主要 N_2O 排放源
	农机化石燃料消耗	$CO_2/CH_4/N_2O$	否	简化排除

(续表)

类别	排放源	温室气体种类	是否包括	理由/解释
项目活动	土壤直接排放	CH_4	否	简化排除
		CO_2		
	土壤间接排放	N_2O	是	主要 N_2O 排放源
		N_2O	是	主要 N_2O 排放源
	农机化石燃料消耗	$CO_2/CH_4/N_2O$	否	简化排除

（四）基准线情景的识别和描述

项目基准线情景为项目区域内常规氮肥施用量，项目情景为在与基准线情景施肥相同的条件下施用石灰。

（五）额外性论证

本项目年减排量为 2 439 t CO_2e。按照方法学要求，项目年减排量小于 2 万 t CO_2e，可以免除额外性论证。

（六）减排量

1. 基准线情景下 N_2O 排放计算

基准线排放是在没有项目活动下的排放量，基准线情景下的 N_2O 排放量，按照公式（4-1）进行计算。

（1）直接排放。N_2O 直接排放源于化学肥料的施用，根据橘园氮肥实际施用来计算，按照公式（4-2）计算 N_2O 直接排放量。

（2）间接排放。农田 N_2O 间接排放是指氮肥施用后，在土壤中转化为 NH_3 和 NO_x，挥发进入大气，经过大气氮沉降再进入土壤而引起的 N_2O 排放，以及肥料氮经淋溶或径流损失进入水体而引起的 N_2O 排放。

化学肥料氮施用引起的农田土壤 N_2O 间接排放量按照公式（4-3）计算。

大气氮沉降引起的 N_2O 间接排放量按照公式（4-4）计算。

淋溶、径流引起的 N_2O 间接排放量按照公式（4-5）计算。

按照公式（4-6）计算基准线情景下的 N_2O 排放量。

2. 项目活动下 N_2O 排放计算

项目 N_2O 排放量均按照项目实施期间的氮肥实际施用量来计算。

项目情景下 N_2O 排放量为按照项目要求施用氮肥及施用石灰后所产生的直接排放量和间接排放量之和，按照公式（4-7）计算。

（1）项目情景下的直接排放。直接排放量按照公式（4-8）计算。

(2) 项目情景下的间接排放。间接排放按照公式（4-9）计算。

大气氮沉降引起的 N_2O 间接排放量，按照公式（4-10）计算。

淋溶、径流引起的 N_2O 间接排放量，按照公式（4-11）计算。

根据公式（4-12）计算项目情景下年度 N_2O 排放量。

农用地 N_2O 直接排放因子确定：《IPCC 2006 年国家温室气体清单指南 2019 修订版》确定的排放因子为 0.010 9（不确定性 0.002 6~0.022），但根据保守原则，应该考虑对环境影响最大的情况，所以本方法学建议基准线情景土壤 N_2O 的直接排放因子 EF_1 采取保守数值，即采用《IPCC 2006 年国家温室气体清单指南 2019 修订版》所确定数值的最大值 0.022。

农用地 N_2O 间接排放因子确定：大气氮沉降引起的 N_2O 排放因子建议采用《IPCC 2006 年国家温室气体清单指南 2019 修订版》的默认值 0.01。氮淋溶和径流损失引起 N_2O 排放因子建议采用《IPCC 2006 年国家温室气体清单指南 2019 修订版》提供的默认值 0.007 5。

3. 泄漏

本方法学不考虑项目活动对边界外的温室气体排放的影响，对项目活动中农事机械、耕作及其他操作所引起少量的温室气体排放均作简化处理。本方法学主要关注施用石灰而带来的土壤 N_2O 减排效果，因该农事操作在酸性土壤不会引起 CO_2 排放的增加；且旱地属于好氧环境，土壤可吸收 CH_4，本方法学亦忽略不计。

4. 项目减排量

项目产生的减排量按照公式（4-13）计算。

项目总碳减排量计算，按照公式（4-14）计算。

5. 预先确定的参数和数据

预先确定的参数和数据见表 4-7。

表 4-7 预先确定的参数和数据

数据/参数名称	氮肥施用量（N_{Fb}）
应用的公式编号	(4-2)、(4-4)、(4-5)
数据描述	基准线情景下柑橘种植范围内单位面积（hm^2）土壤中氮肥的施用量
数据单位	kg/a
数据来源	现场称量

(续表)

数据选用的合理性	—
数值（如有）	—
数据用途	用于基准线情景下，计算 N_2O 直接排放量
备注	—
数据/参数名称	**N_2O 直接排放因子（EF_1）**
应用的公式编号	(4-2)、(4-8)
数据描述	N_2O 直接排放因子
数据单位	—
数据来源	《IPCC 2006 年国家温室气体清单指南 2019 修订版》
数据选用的合理性	—
数值（如有）	0.022
数据用途	用于基准线情景和项目情景，计算 N_2O 直接排放量
备注	—
数据/参数名称	**N_2O 排放的排放因子（EF_2）**
应用的公式编号	(4-4)、(4-10)
数据描述	在土壤和水面，大气氮沉降产生的 N_2O 排放的排放因子
数据单位	—
数据来源	《IPCC 2006 年国家温室气体清单指南 2019 修订版》
数据选用的合理性	—
数值（如有）	0.01
数据用途	用于基准线情景和项目情景，计算大气氮沉降导致的 N_2O 间接排放量
备注	—
数据/参数名称	**N_2O 排放的排放因子（EF_3）**
应用的公式编号	(4-5)、(4-11)
数据描述	氮淋溶和径流引起的 N_2O 排放的排放因子
数据单位	—
数据来源	《IPCC 2006 年国家温室气体清单指南 2019 修订版》
数据选用的合理性	—
数值（如有）	0.007 5

(续表)

数据用途	用于基准线情景和项目情景，计算淋溶和径流产生的 N_2O 间接排放量
备注	—
数据/参数名称	**挥发肥料氮的比例（$Frac_{GASF}$）**
应用的公式编号	(4-4)、(4-10)
数据描述	以 NH_3 和 NO_x 形式挥发的肥料氮的比例
数据单位	kg/kg
数据来源	—
数据选用的合理性	—
数值（如有）	0.10
数据用途	用于基准线情景和项目情景，计算大气氮沉降导致的 N_2O 间接排放量
备注	—
数据/参数名称	**淋溶和径流损失肥料氮的比例（$Frac_{LEACH}$）**
应用的公式编号	(4-5)、(4-11)
数据描述	土壤中通过淋溶和径流损失的肥料氮的比例
数据单位	kg/kg
数据来源	—
数据选用的合理性	—
数值（如有）	0.20
数据用途	用于基准线情景和项目情景，计算淋溶和径流产生的 N_2O 间接排放量
备注	—
数据/参数名称	**柑橘种植面积（A）**
应用的公式编号	(4-6)、(4-12)
数据描述	项目范围内的柑橘种植面积
数据单位	hm^2
数据来源	现场测量
数据选用的合理性	—
数值（如有）	—
数据用途	用于计算项目总减排量

6. 事前估算减排量概要

事前估算减排量见表4-8。

表4-8 事前估算减排量概要　　　　　　　　　　　单位：t CO$_2$e

年份	基准线排放	项目排放	泄漏	减排量
2024年1月1日—2024年12月30日	8 129	5 690	0	2 439
2025年1月1日—2025年12月30日	8 129	5 690	0	2 439
2026年1月1日—2026年12月30日	8 129	5 690	0	2 439
2027年1月1日—2027年12月30日	8 129	5 690	0	2 439
2028年1月1日—2028年12月30日	8 129	5 690	0	2 439
2029年1月1日—2029年12月30日	8 129	5 690	0	2 439
合计	48 776	34 143	0	14 634

（七）监测计划

监测计划见表4-9。

表4-9 监测计划

数据/参数名称	氮肥施用量（N_{FP}）
应用的公式编号	(4-11)
数据描述	项目情景下柑橘种植范围内单位面积（hm^2）土壤中氮肥的施用量
数据单位	kg/a
数据来源	现场称量
监测点要求	—
监测仪表要求	标准误差：±1 kg
监测程序与方法要求	重复称量3次取平均值
监测频次与记录要求	—
质量保证/质量控制程序要求	精度：0.2%； 校验频率：每年
数据用途	计算项目情景下N$_2$O直接和间接排放量
备注	—
数据/参数名称	柑橘种植面积（A）
应用的公式编号	(4-6)、(4-12)
数据描述	项目范围内的柑橘种植面积

(续表)

数据单位	hm²
数据来源	现场测量
数据选用的合理性	—
数值（如有）	—
数据用途	用于计算项目总减排量

（八）项目实施及监测的数据管理要求

1. 监测农户的管理措施

为确保项目活动按照项目规定的管理措施进行管理，确保参照地块的观测值能代表项基准线的排放情况，需为项目中的所有地块建立管理手册。管理记录手册应包含以下内容：

①施肥日期；

②氮肥施用量、品种、施肥方法；

③收获时间；

④产量。

项目参与方应保证项目区与参照地块的管理方式一致，若农户没有按照管理手册进行田间管理，则该地块的 N_2O 排放不具有参考意义，在综合计算项目情景下 N_2O 排放时，应排除这些地块，才能得到较为准确的、遵循项目管理规定的 N_2O 减排量。

报告和核查应基于抽样和农户的管理措施记录簿，应遵循最新版本的《CDM 项目活动和规划类项目活动的取样和调查标准》。

项目参与方应该建立一个数据库，数据库包括能明确识别参与项目的橘园信息，包括农户的姓名和住址、项目地块面积等。

2. 化学肥料用量监测

项目开始后，应当将园地分为不同的区块，监测项目区内每个农户不同区块的化学肥料使用量。

3. 监测设备

设备名称：秤。

检测仪表要求：标准误差：±1 kg。

监测程序与方法要求：重复称量 3 次取平均值。

检测质量保证：精度要达到 0.2%，并且每年要进行精准度校验。

4. 数据监测

作为监测部分而收集的所有数据应该保存电子档和纸质档（酌情），同时在计入期结束后至少保存 2 年。所有测量仪表需要满足相关行业标准规定的技术规范、精度和误差要求，并根据行业标准规定的校验设备、校准程序步骤和频次要求，定期校验。

此外，本方法学引用的方法学工具中规定的监测要求也需要遵守。

三、项目活动期限和减排计入期

(一) 项目活动期限

1. 项目活动开始日期

2024 年 1 月 1 日。

2. 预计的项目活动运行寿命

2024 年 1 月 1 日—2029 年 12 月 31 日。

(二) 项目活动减排计入期

1. 计入期类型

固定计入期，共计 6 年。

2. 计入期开始日期

2024 年 1 月 1 日（项目开始日期）。

3. 计入期长度

6 年（2024 年 1 月 1 日—2029 年 12 月 31 日）。

四、环境影响

(一) 环境影响分析

不适用。

(二) 环境影响评价

不适用。

五、社会经济影响

本项目的实施，有助于推动果园的生态建设，促进产业发展；坚持以人为本的理念，遏制园区生态环境的恶化、促进项目区社会经济的可持续发展；构建完善的种植生态体系和产业体系，为国民经济和社会可持续发展作出贡献。

(一) 增加收入

本项目的实施,不仅增加了作物产量和品质,而且提升了土壤肥力,减少了肥料氮素的损失,提升了化学肥料利用率,从而增加了农民收入。

(二) 提供就业

柑橘增产,收获时需要大量的劳动力,可给当地居民提供更多的就业机会,解决当地富余劳动力就业的问题,从而提高当地群众的生活质量。

(三) 维护社会稳定

柑橘增产增加了农民收入,增加了就业机会,维护了社会稳定。同时,果园石灰施用技术在实现碳减排的同时,有利于促进农业生产过程中的节本增效和农业的绿色发展。

六、利益相关方的评价意见

(一) 简要说明如何征求地方利益相关方的评价意见及如何汇总这些意见

本项目的主要利益相关方为湖北省当阳市农民,本项目于2023年8月,向利益相关方发放80份问卷调查,回收80份,反馈率100%。利益相关方代表具有不同的受教育程度和年龄(表4-10)。在此期间,当阳市农业农村局组织各利益相关方讨论通过施加石灰减少酸性橘园土壤N_2O排放项目在社会、经济、环境方面的好处和可能的不足,并向他们征求了对项目活动的意见和建议;并针对他们提出的疑问和问题进行了讨论和解答。利益相关方基本信息见表4-10,信息反馈汇总见表4-11。

表4-10 利益相关方基本信息

类别	项目	人数(占比)
性别	男	42 (52.50%)
	女	38 (47.50%)
年龄	20~30 岁	9 (11.25%)
	30~50 岁	44 (55.00%)
	50 岁以上	27 (33.75%)
教育程度	初中及以下	42 (55.00%)
	高中	34 (45.00%)
	大学及以上	4 (5.00%)

表 4-11 利益相关方信息反馈汇总

序号	问题	选项	人数（占比）
1	是否了解气候变化与农业碳汇？	不知道	40（50.00%）
		知道一点	26（32.50%）
		很清楚	14（17.50%）
2	是否知道土地退化的原因？（多选）	土壤养分流失	38（47.50%）
		人为破坏	52（65.00%）
		缺乏管理	42（52.50%）
		病虫害严重	19（23.75%）
3	是否知道本碳汇项目？	不知道	10（12.50%）
		知道一点	59（73.75%）
		很清楚	11（13.75%）
4	从何处得到本碳汇项目的信息？	网络	12（15.00%）
		报纸	11（13.75%）
		政府信息	36（45.00%）
		其他	21（26.25%）
5	本次项目各项具体工作是否有专人负责？	是	42（52.50%）
		不知道	32（40.00%）
		否	6（7.50%）
6	你是否参与项目活动？	是	44（55.00%）
		否	36（45.00%）
7	是否支持本碳汇项目实施？	是	74（92.50%）
		不清楚	6（7.50%）
		否	0（0.00%）
8	是否认为本碳汇项目可以为当地带来经济效益、环境效益和社会效益？	是	63（78.75%）
		不清楚	17（21.25%）
		否	0（0.00%）
9	对本碳汇项目，您关心哪方面效益？（多选）	经济效益	52（29.55%）
		环境效益	71（40.34%）
		社会效益	53（30.11%）
		其他	0（0.00%）

（续表）

序号	问题	选项	人数（占比）
10	本项目的实施对周边的居民是否有益？	是	79（98.75%）
		否	1（1.25%）
11	是否认为本碳汇项目会对周边环境带来负面影响？	是	1（1.25%）
		否	79（98.75%）
12	本碳汇项目对您有哪些影响？（多选）	提供就业机会	25（31.25%）
		改善周边环境	64（80.00%）
		妨碍日常生活	0（0.00%）
		其他	22（27.50%）
13	您对本项目有何意见或建议？	项目是好项目，建议尽快推进项目，政府需加大投资和宣传力度，保证项目顺利推进，造福人民	

（二）收到的评价意见的汇总

根据利益相关方的反馈，可以得出如下结论。

1. 利益相关方对农业碳汇认知程度较低

从反馈的信息看，许多人对农业碳汇只是简单的了解，只有通过培训，才能让他们对农业碳汇和碳交易有进一步的了解。

2. 非常支持开展碳汇活动

从反馈的信息看，几乎全部利益相关方支持开展农业碳汇活动，并认识到如果碳汇活动能够顺利进行，将会带来以下3个方面的效益。

（1）经济效益。增加农业收益，为地方政府创收。

（2）生态效益。改善生态环境，减少水土流失。

（3）社会效益。改善居民周边生活环境，提供就业机会。

（三）对所收到的评价意见如何给予相应考虑的报告

通过对利益相关方调查问卷获得的相关意见分析发现，几乎全部利益相关方支持本项目活动的开展。以下为对利益相关方提出的问题进行回复。

（1）协调相关部门，对利益相关方进行农业碳汇技术方面的培训，使得他们能够根据当地条件，进行科学合理的水稻种植计划。

（2）作业过程中尤其是对土壤的扰动过程中，对地块坡度、土壤性质的选择要科学合理，不能产生水土流失。

附录 4 申请项目备案的企业法人联系信息

申请项目备案的企业法人联系信息如附表 4-1 所示。

附表 4-1 申请项目备案的企业法人联系信息

企业法人名称：	当阳市富乐无核椪柑专业合作社
地址：	湖北省当阳市半月镇
邮政编码：	—
电话：	—
传真：	—
电子邮件：	—
网址：	—
授权代表姓名：	刘武彩
职务：	社长
部门：	—
手机：	—
传真：	—
电话：	—
电子邮件：	—

第五章
通过精准施肥减少旱地氧化亚氮排放方法学

第一节 方法学

一、引言

在粮食生产过程中,不同的农业技术和管理措施,如耕作方式、施肥、灌溉及一些新技术的应用都会影响温室气体排放。例如,在旱作生产过程中,氮肥施用可导致高达84%的农业源 N_2O 排放。减少氮肥施用量、调整施肥结构、采用合理的施肥技术和田间管理措施,可在保障粮食安全的前提下有效地减少农业源 N_2O 排放。

化学肥料是重要的农业生产资料,根据联合国粮农组织调查数据,化学肥料对全球粮食产量的贡献率达50%~60%。国家《2020年化学肥料使用量零增长行动》,以"精、调、改、替"为技术路线,强化科学施肥理念,创新科学施肥技术,全国化学肥料用量持续下降、利用效率不断提高。根据《中华人民共和国国民经济和社会发展第十四个五年规划和2035年远景目标纲要》《农业农村部关于印发〈到2025年化学肥料减量化行动方案〉和〈到2025年化学农药减量化行动方案〉的通知》,国家将持续推进化学肥料减量化行动。经过多年的努力,基本形成了以测土配方施肥技术为核心,不断集成施肥新技术、新产品、新机具,打造化学肥料减量增效升级版。形成了测土配方施肥、种肥同播、水肥一体化等高效施肥技术,以及缓释肥料、作物专用配方肥、水溶性肥等高效绿色新型肥料,并逐步实现农机农艺深度融合,为化学肥料持续减量提供了重要技术保障。基于这些技术进步和实际工作,精准施肥技术可有效减少氮肥施用,实现旱地 N_2O 的有效减排。

为促进精准施肥这一新技术的全面应用和明确其温室气体减排量，确保精准施肥技术项目所产生的减排量达到可测量、可报告、可核查的要求，依据《IPCC 2006年国家温室气体清单指南2019修订版》，华中农业大学、湖北大学中国农业暨典型行业碳减排碳交易研究中心、湖北省耕地质量与肥料工作总站等单位一起编制了《通过精准施肥减少旱地氧化亚氮排放方法学》（V01）。本方法学以农民常规施肥模式为基准线情景，实施精准施肥技术的旱作为项目情景，所属领域为农业。本方法学是新方法学，在CDM、GS和VCS批准的或审议中的方法学中没有通过减施氮肥减少N_2O排放类别的方法学。

二、适用条件

本方法学适用于温室气体自愿减排交易体系下通过精准施肥技术减少N_2O排放产生的减排量的计量与监测。使用本方法学的项目活动必须满足以下条件：

①开展项目活动的农田权属清晰，具有县级以上人民政府核发的土地权属证书；

②项目活动不违反任何国家有关法律、法规和政策措施；

③项目参与方应有能力如实监测和记录项目实施阶段需监测的参数；

④适用小麦、玉米、棉花等旱地作物，包括蔬菜地、草地、果园、茶园等；

⑤项目基准线为常规施肥，项目情景为精准施肥；

⑥项目开始后项目边界内的耕作管理方式，特别是灌溉方式不发生明显变化；

⑦项目开始后项目边界内耕地的农作物产量不受影响；

⑧项目年减排总量应小于或等于6万$t\ CO_2e$。

本方法学不适用于：

①水稻或水旱轮作的旱季作物；

②叶面施肥。

三、引用文件

本方法学遵循下列规范性文件的规定，在使用时以最新版本为准。

①《IPCC 2006年国家温室气体清单指南2019修订版》（IPCC，2019）；

② NY/T 496《肥料合理使用准则　通则》；
③ GB/T 6274《肥料和土壤调理剂　术语》；
④ NY/T 1105《肥料合理使用准则　氮肥》；
⑤《省级温室气体清单编制指南（试行）》。

四、术语与定义

氮肥：具有氮（N）标明量，以提供植物氮养分为其主要功效的单一肥料。

施肥量：施于单位面积耕地或单位质量生长介质中的肥料或土壤调理剂或养分的质量或体积。

常规施肥：常规施肥也称习惯施肥。指当地前3年平均施肥量（主要指氮、磷、钾肥）、施肥品种和施肥方法。

施肥方法：是指合理地向土壤投入作物所需养料的方法。

测土配方施肥：以肥料田间试验和土壤测试为基础，根据作物需肥规律、土壤供肥性能和肥料效应，在合理施用有机肥料的基础上，提出氮、磷、钾及中、微量元素等肥料的施用品种、数量、施肥时期和施用方法。

种肥同播技术：指将作物种子和化学肥料同时播入田间的一种操作模式。化学肥料施用由传统表施、撒施转变为集中施用、覆盖深施，化学肥料施用量明显减少，化学肥料利用率明显提高，作物产量明显提高。

水肥一体化技术：也叫灌溉施肥技术，是将灌溉与施肥融为一体的农业新技术，即采用压力灌溉设施系统，将水溶性固体肥料或液体肥料配兑而成的肥液与灌溉水一起，均匀、准确地喷灌或微灌，将养分和水分输送到作物根部土壤或植株叶面的灌溉施肥方式。

新型肥料：是以颗粒肥料（单质或复合肥）为核心，表面涂覆一层低水溶性的无机物质或有机聚合物，或者应用化学方法将肥料均匀地融入分解在聚合物中，形成多孔网络体系。并根据聚合物的降解情况促进或延缓养分的释放，使养分供应能力与作物生长发育的需肥要求相一致的一种新型肥料。

N_2O 直接排放：肥料氮肥施用带来的土壤 N_2O 的直接排放量。

N_2O 间接排放：径流淋溶或大气氮沉降带来的土壤 N_2O 排放量。

事前项目边界：是在项目设计和开发阶段确定的项目边界，是计划实施项目活动的边界。

事后项目边界：是在项目活动开始后经过核实的实际项目活动边界。在实施阶段，经监测核实的为事后项目边界。

项目活动开始日期：旱地实施精准施肥种植活动的开始日期，可根据作物生长季每年一季或多季计算。

项目活动计入期：项目活动开始后（或备案后），相对于基准线情景，项目活动产生的温室气体减排额度的计入周期。

五、项目边界及排放源（汇或库）

（一）项目边界

本方法学的项目边界是指开展精准施肥技术措施的地理范围。

项目边界包括项目参与方进行精准施肥技术活动的旱地所在的具体地理位置，该项目活动可在一个或多个的独立地块进行。一个项目活动可在若干个不同的地块上进行，但每个地块应有特定的地理边界。

项目边界可采用下述方法确定。

（1）卫星系统。全球定位系统、北斗卫星导航系统等，确定该项目活动的具体经度、纬度和海拔等。

（2）现场考察。使用大比例尺地形图（比例尺不小于1∶10 000）进行现场勾绘，结合全球定位系统、北斗卫星导航系统等定位系统进行精度控制。面积勾绘时要排除地块之间的道路、灌溉渠和田埂等非种植面积。

（二）项目边界内的温室气体种类和排放源选择

基准线情景和项目活动包括的温室气体排放源见表5-1。

表5-1 基准线情景和项目活动包括的温室气体排放源

类别	排放源	温室气体种类	是否包括	理由/解释
基准线情景	旱地土壤直接排放	CO_2	否	简化排除
		CH_4		
		N_2O	是	主要N_2O排放源
	旱地土壤间接排放	N_2O	是	主要N_2O排放源
	农机化石燃料消耗	$CO_2/CH_4/N_2O$	否	简化排除

(续表)

类别	排放源	温室气体种类	是否包括	理由/解释
项目活动	旱地土壤直接排放	CO_2	否	简化排除
		CH_4		
		N_2O	是	主要 N_2O 排放源
	旱地土壤间接排放	N_2O	是	主要 N_2O 排放源
	农机化石燃料消耗	$CO_2/CH_4/N_2O$	否	简化排除

鉴于基准线情景下排放量与项目情景下的排放量存在显著差异，本方法学依据谨慎原则，对基准线排放考虑较严格。基于旱地土壤 CH_4 以吸收为主，本项目依据谨慎原则，作简化处理。

六、减排量核算方法学

（一）基准线情景识别

项目基准线情景为项目区域内常规氮肥施用量，项目情景为使用精准施肥技术（包括测土配方施肥技术、种肥同播技术、水肥一体化技术、新型肥料应用技术等）后的氮肥施用量。

（1）如果在项目区域所在的县、市有相关部门公布了相关作物的推荐施肥量或当地常规施肥量，那么基准线情景为所推荐的施肥量或常规施肥量。

例如，湖北省农业农村厅下发的《省农业农村厅办公室关于印发湖北省主要农作物氮肥定额用量（试行）的通知》，对湖北省内小麦、玉米、油菜等几种作物主要产区的氮肥定额用量作出了规定。

（2）如果在项目区域所在的县、市相关部门处查询不到相关作物的推荐施肥量或当地常规施肥量，基准线情景下的施氮量可通过项目所在地基层农业科技服务站历年施肥记录获得。一般可按照项目实施前3年的施用量计算。

（二）额外性论证

年减排量小于 2 万 t CO_2e 的项目可以免除额外性论证。

本项目年减排量为 2 万~6 万 t CO_2e，按照方法学的要求，项目参与方需论证项目活动是不是普遍性实践。项目活动一旦被论证不是普遍性实践，即被认定在其计入期内具有额外性。

项目活动是普遍性实践的情形：项目参与方需提供说明，项目存在下列障碍之一，将导致拟议项目活动无法开展实施，因而具备额外性。

（1）资金障碍。如缺少财政补贴或非商业性投资、没有来自国内国际的民间资本、不能进行融资、缺少信贷的途径等。

（2）技术障碍。缺乏精准施肥配套技术、缺乏训练有素的生产人员和技术人员使用和维护新技术。

（3）其他障碍。如信息障碍、机制/体制障碍、组织/管理能力障碍等导致的较高的项目活动温室气体排放。

精准施肥项目的资金障碍和技术障碍：首先，项目的测土配方施肥技术要求对项目实施边界内土壤养分进行采样分析，并在此基础上提出施肥配方，但农户不能自主进行土壤养分含量状况的分析测试，也没有能力根据土壤化验结果自主拟定施肥配方，所以在具体实施过程中需要测试土壤和专业人员提出配方；其次，农民操作技能不能满足项目要求，需要开展技术培训。

（三）基准线情景下氧化亚氮排放计算

基准线排放是在没有项目活动的情况下的排放，若项目范围内种植多种作物，需分别计算不同作物的基准线排放。每种作物种植时基准线情景下年度 N_2O 排放量均应用下列公式进行计算。

第 i（$i=1,2,\cdots,n$）种作物种植时基准线情景下的 N_2O 排放量为直接排放量和间接排放量之和。

$$E_{N_2Ob} = E_{N_2ObD} + E_{N_2ObIND} \tag{5-1}$$

其中：

E_{N_2Ob}——基准线情景下单位面积（hm^2）的 N_2O 排放量，kg/a；

E_{N_2ObD}——基准线情景下单位面积（hm^2）的 N_2O 直接排放量，kg/a；

E_{N_2ObIND}——基准线情景下单位面积（hm^2）的 N_2O 间接排放量，kg/a。

1. 直接排放

N_2O 直接排放源于氮肥的施用，根据作物生长季氮肥实际施用来计算，以公式（5-2）计算第 i（$i=1,2,\cdots,n$）种作物种植时的 N_2O 直接排放量：

$$E_{N_2ObD-i} = N_{Fb-i} \times EF_1 \tag{5-2}$$

其中：

E_{N_2ObD-i}——第 i（$i=1,2,\cdots,n$）种作物种植时单位面积（hm^2）的 N_2O 直接排放量，kg/a；

N_{Fb-i}——基准线情景下第 i（$i=1,2,\cdots,n$）种作物种植时单位面积

(hm^2)土壤中氮肥的施用量，kg/a；

EF_1——氮肥施入产生的 N_2O 排放因子（缺省值为0.010 9，不确定性0.002 6~0.022）。

2. 间接排放

N_2O 间接排放是指氮肥施用后，在土壤中转化为 NH_3 和 NO_x，挥发进入大气，经过大气氮沉降再进入土壤而引起的 N_2O 排放，以及肥料氮经淋溶或径流损失进入水体而引起的 N_2O 排放。

氮肥施用引起的 N_2O 间接排放量用公式（5-3）计算：

$$E_{N_2ObIND-i} = E_{N_2Obs-i} + E_{N_2Obl-i} \tag{5-3}$$

其中：

$E_{N_2ObIND-i}$——基准线情景下第 i（$i=1,2,\cdots,n$）种作物种植时氮肥施入产生的间接 N_2O 排放量，kg/a；

E_{N_2Obs-i}——基准线情景下第 i（$i=1,2,\cdots,n$）种作物种植时氮肥施入引起的大气氮沉降产生的 N_2O 间接排放量，kg/a；

E_{N_2Obl-i}——基准线情景下第 i（$i=1,2,\cdots,n$）种作物种植时氮肥施入引起的氮淋溶和径流产生的 N_2O 间接排放量，kg/a。

大气氮沉降引起的 N_2O 间接排放量用公式（5-4）计算：

$$E_{N_2Obs-i} = N_{Fb-i} \times Frac_{GASF} \times EF_2 \tag{5-4}$$

其中：

N_{Fb-i}——基准线情景下第 i（$i=1,2,\cdots,n$）种作物种植时单位面积（hm^2）土壤中氮肥的施用量，kg/a；

$Frac_{GASF}$——以 NH_3 和 NO_x 形式挥发的肥料氮的比例，kg/kg（缺省值为0.10，不确定性范围为0.03~0.3）；

EF_2——在土壤和水面，大气氮沉降产生的 N_2O 排放的排放因子（缺省值为0.01，不确定性0.002~0.05）。

淋溶、径流引起的 N_2O 间接排放量采用公式（5-5）计算。

$$E_{N_2Obl-i} = N_{Fb-i} \times Frac_{LEACH} \times EF_3 \tag{5-5}$$

其中：

E_{N_2Obl-i}——基准线情况下第 i（$i=1,2,\cdots,n$）种作物种植时淋溶、径流引起的 N_2O 间接排放量，kg/a；

N_{Fb-i}——基准线情景下第 i（$i=1,2,\cdots,n$）种作物种植时单位面积（hm^2）土壤中氮肥的施用量，kg/a；

$Frac_{LEACH}$——在淋溶/径流发生地区，土壤中通过淋溶和径流损失的肥料氮的比例，kg/kg（缺省值为0.20，不确定性范围为0.1~0.8）；

EF_3——氮淋溶和径流引起的 N_2O 排放的排放因子（缺省值为0.007 5，不确定性范围为0.000 5~0.025）。

根据公式（5-6）计算第 i（$i=1,2,\cdots,n$）种作物种植范围内基准线情景下的 N_2O 排放量。

$$BE_{N_2O-i} = A_i \times E_{N_2O-i} \tag{5-6}$$

其中：

BE_{N_2O-i}——第 i（$i=1,2,\cdots,n$）种作物种植范围内基准线情景下单位面积（hm^2）的 N_2O 排放量，kg/a。

A_i——项目范围内第 i（$i=1,2,\cdots,n$）种作物的种植面积，hm^2。

基准线情景下的 N_2O 排放量为不同作物种植时 N_2O 排放量的加和，计算公式如下：

$$BE_{N_2O} = \sum_{i=1}^{n} BE_{N_2O-i} \tag{5-7}$$

其中：

BE_{N_2O}——基准线情景下的 N_2O 排放量，kg/a；

BE_{N_2O-i}——第 i（$i=1,2,\cdots,n$）种作物种植范围内基准线情景下的 N_2O 排放量，kg/a；

n——项目范围内农作物的种数。

（四）项目情景下氧化亚氮排放计算

项目所采用精准施肥技术，包括测土配方施肥、种肥同播、缓释肥等，其 N_2O 排放量均按照项目实施期间的氮肥实际施用量来计算。不同作物、不同技术措施在同一项目中出现时，应分别计算减排量。

项目情景下 N_2O 排放量为农田按照项目要求施用氮肥所产生的 N_2O 直接排放量和间接排放量之和，按照公式（5-8）计算：

$$E_{N_2OP} = E_{N_2OPD} + E_{N_2OPIND} \tag{5-8}$$

其中：

E_{N_2OP}——项目情景下单位面积（hm^2）的 N_2O 排放量，kg/a；

E_{N_2OPD}——项目情景下单位面积（hm^2）的 N_2O 直接排放量，kg/a；

E_{N_2OPIND}——项目情景下单位面积（hm^2）的 N_2O 间接排放量，kg/a。

1. 直接排放

第 i（$i=1,2,\cdots,n$）种作物种植时的 N_2O 直接排放量按照公式

(5-9) 计算：

$$E_{N_2OPD-i} = N_{FP-i} \times EF_1 \quad (5-9)$$

其中：

E_{N_2OPD-i}——项目情景下第 i（$i=1,2,\cdots,n$）种作物种植时单位面积（hm^2）的 N_2O 直接排放量，kg/a；

N_{FP-i}——项目情景下第 i（$i=1,2,\cdots,n$）种作物种植范围内单位面积（hm^2）土壤中氮量的施用量，kg/a；

EF_1——氮肥施入产生的 N_2O 排放因子（缺省值为 0.010 9，不确定性 0.002 6~0.022）。

2. 间接排放

农田 N_2O 间接排放是指氮肥施用后，在土壤中转化为 NH_3 和 NO_x，挥发进入大气，经过大气氮沉降再进入土壤而引起的 N_2O 排放，以及肥料氮经淋溶或径流损失进入水体而引起的 N_2O 排放。

第 i（$i=1,2,\cdots,n$）种作物的 N_2O 间接排放量按照下式计算：

$$E_{N_2OPIND-i} = E_{N_2OPS-i} + E_{N_2OPL-i} \quad (5-10)$$

其中：

$E_{N_2OPIND-i}$——项目情景下第 i（$i=1,2,\cdots,n$）种作物种植时的 N_2O 间接排放量，kg/a；

E_{N_2OPS-i}——项目情景下第 i（$i=1,2,\cdots,n$）种作物种植时大气氮沉降引起的 N_2O 间接排放量，kg/a；

E_{N_2OPL-i}——项目情景下第 i（$i=1,2,\cdots,n$）种作物种植时淋溶、径流引起的 N_2O 间接排放量，kg/a。

大气氮沉降引起的 N_2O 间接排放量用公式（5-11）计算：

$$E_{N_2OPS-i} = N_{FP-i} \times Frac_{GASF} \times EF_2 \quad (5-11)$$

其中：

E_{N_2OPS-i}——项目情景下第 i（$i=1,2,\cdots,n$）种作物种植时大气氮沉降引起的 N_2O 间接排放量，kg/a；

N_{FP-i}——项目情景下第 i（$i=1,2,\cdots,n$）种作物种植范围内单位面积（hm^2）土壤中氮肥的施用量，kg/a；

$Frac_{GASF}$——以 NH_3 和 NO_x 形式挥发的肥料氮的比例，kg/kg（缺省值为 0.10，不确定性范围为 0.03~0.3）；

EF_2——在土壤和水面，大气氮沉降产生的 N_2O 排放的排放因子（缺省值为0.01，不确定性0.002~0.05)。

淋溶、径流引起的 N_2O 间接排放量用公式（5-12）计算：

$$E_{N_2OPL-i} = N_{FP-i} \times \text{Frac}_{\text{LEACH}} \times EF_3 \quad (5-12)$$

其中：

E_{N_2OPL-i}——项目情景下第 i（$i=1,2,\cdots,n$）种作物的淋溶、径流引起的间接排放，kg/a；

N_{FP-i}——项目情景下第 i（$i=1,2,\cdots,n$）种作物种植范围内单位面积（hm^2）土壤中氮肥的施用量，kg/a；

$\text{Frac}_{\text{LEACH}}$——在淋溶/径流发生地区，土壤中通过淋溶和径流损失的所有施加氮的比例，kg/kg（缺省值为0.20，不确定性范围为0.1~0.8）；

EF_3——氮淋溶和径流引起的 N_2O 排放的排放因子（缺省值为0.007 5，不确定性范围为0.000 5~0.025）。

根据公式（5-13）计算第 i（$i=1,2,\cdots,n$）种作物种植时项目情景下的 N_2O 排放量。

$$PE_{N_2O-i} = A_i \times E_{N_2O-i} \quad (5-13)$$

其中：

PE_{N_2O-i}——第 i（$i=1,2,\cdots,n$）种作物种植时项目情景下的 N_2O 排放量，kg/a；

A_i——项目范围内第 i（$i=1,2,\cdots,n$）种农作物种植的面积，hm^2；

E_{N_2O-i}——第 i（$i=1,2,\cdots,n$）种作物种植时项目情景下单位面积（hm^2）的 N_2O 排放量，kg/hm^2。

项目情景下 N_2O 排放量 PE_{N_2O} 计算公式如下：

$$PE_{N_2O} = \sum_{i=1}^{n} PE_{N_2O-i} \quad (5-14)$$

其中：

PE_{N_2O}——项目情景下的 N_2O 排放量，kg/a；

PE_{N_2O-i}——第 i（$i=1,2,\cdots,n$）种作物种植时项目情景下的 N_2O 排放量，kg/a；

n——项目范围内农作物的种数。

农用地 N_2O 直接排放因子确定：《IPCC 2006年国家温室气体清单指南2019修订版》确定的排放因子为0.010 9（不确定性0.002 6~0.022），但根据保守原则，应该考虑对环境影响最大的情况，所以本方法学建议基准线情景和项目情景土壤 N_2O 的直接排放因子 EF_1 采取保守数值，即都采用国《IPCC 2006 年国家温室气体清单指南 2019 修订版》所确定数值的最大值 0.022。

农用地 N_2O 间接排放因子确定：大气氮沉降引起的 N_2O 排放因子建议采用《IPCC 2006 年国家温室气体清单指南 2019 修订版》的默认值 0.01；氮淋溶和径流损失引起 N_2O 排放因子建议采用《IPCC 2006 年国家温室气体清单指南 2019 修订版》提供的默认值 0.007 5。

（五）项目泄漏计算

本方法学不考虑项目活动对边界外的温室气体排放的影响，对项目活动中农事机械、耕作及其他操作所引起少量的温室气体排放均作简化处理。本方法学主要关注精准施肥技术所减少的氮肥而带来的土壤 N_2O 减排效果，因该农事操作不会引起 CO_2 排放增加。此外，旱地属于好氧环境土壤可吸收甲烷，本方法学亦忽略不计。

（六）项目减排量核算

项目产生的减排量按下式计算：

$$RE_{N_2OF} = BE_{N_2O} - PE_{N_2O} \tag{5-15}$$

其中：

RE_{N_2OF}——采取精准施肥项目范围内由于氮肥施用减少而产生的 N_2O 减排量，kg/a；

BE_{N_2O}——基准线情景下的 N_2O 排放量，kg/a；

PE_{N_2O}——项目情景下的 N_2O 排放量，kg/a。

项目总碳减排量计算：

$$RE_{CO_2e} = RE_{N_2OF} \times 298 \tag{5-16}$$

其中：

RE_{CO_2e}——在项目范围内，使用精准施肥技术可以减少的 CO_2e，kg/a；

298——在 100 年尺度上 N_2O 的全球变暖潜势是 CO_2 的 298 倍。

七、监测方法学

（一）项目设计阶段确定的参数和数据

应明确在项目设计阶段确定的参数和数据，即在项目计入期内不再变化、不需要监测的参数和数据。

计入期指项目活动相对于基准线情景产生额外温室气体减排量的时间区间，计入期不应超过项目活动的寿命期限。

项目设计阶段应确定的参数和数据见表 5-2。

表 5-2 项目设计阶段确定的参数和数据

数据/参数名称	氮肥的施用量（N_{Fb-i}）
应用的公式编号	(5-2)、(5-4)、(5-5)
数据描述	基准线情景下第 i（$i=1,2,\cdots,n$）种作物种植范围内单位面积（hm^2）土壤中氮肥的施用量
数据单位	kg/a
数据来源	现场称量
数据选用的合理性	—
数值（如有）	—
数据用途	用于基准线情景下，计算 N_2O 直接排放量
备注	—
数据/参数名称	N_2O 直接排放因子（EF_1）
应用的公式编号	(5-2)、(5-9)
数据描述	N_2O 直接排放因子
数据单位	
数据来源	《IPCC 2006 年国家温室气体清单指南 2019 修订版》
数据选用的合理性	—
数值（如有）	0.022
数据用途	用于基准线情景和项目情景，计算 N_2O 直接排放量
备注	—
数据/参数名称	N_2O 排放的排放因子（EF_2）
应用的公式编号	(5-4)、(5-11)
数据描述	在土壤和水面，大气氮沉降产生的 N_2O 排放的排放因子
数据单位	
数据来源	《IPCC 2006 年国家温室气体清单指南 2019 修订版》
数据选用的合理性	—
数值（如有）	0.01
数据用途	用于基准线情景和项目情景，计算大气氮沉降导致的 N_2O 间接排放量
备注	—
数据/参数名称	N_2O 排放的排放因子（EF_3）
应用的公式编号	(5-5)、(5-12)
数据描述	氮淋溶和径流引起的 N_2O 排放的排放因子
数据单位	
数据来源	《IPCC 2006 年国家温室气体清单指南 2019 修订版》

(续表)

数据选用的合理性	—
数值（如有）	0.007 5
数据用途	用于基准线情景和项目情景，计算淋溶和径流产生的 N_2O 间接排放量
备注	—
数据/参数名称	**挥发肥料氮的比例（$Frac_{GASF}$）**
应用的公式编号	(5-4)、(5-11)
数据描述	以 NH_3 和 NO_x 形式挥发的化学肥料氮的比例
数据单位	kg/kg
数据来源	—
数据选用的合理性	—
数值（如有）	0.10
数据用途	用于基准线情景和项目情景，计算大气氮沉降导致的 N_2O 间接排放量
备注	—
数据/参数名称	**淋溶和径流损失肥料氮施加氮的比例（$Frac_{LEACH}$）**
应用的公式编号	(5-5)、(5-12)
数据描述	土壤中通过淋溶和径流损失的肥料氮的比例
数据单位	kg/kg
数据来源	—
数据选用的合理性	—
数值（如有）	0.20
数据用途	用于基准线情景和项目情景，计算淋溶和径流产生的 N_2O 间接排放量
备注	—
数据/参数名称	**作物种植面积（A_i）**
应用的公式编号	(5-6)、(5-13)
数据描述	项目范围内第 i（$i=1,2,\cdots,n$）种农作物的种植面积
数据单位	hm^2
数据来源	现场测量
数据选用的合理性	—
数值（如有）	—
数据用途	用于计算项目总减排量

（二）项目实施阶段需监测的参数和数据

本方法学涉及的所有监测数据须按相关标准进行监测和测定（应考虑

CDM方法学一般指南所述的适用要求)。需监测的参数和数据见表5-3。

表5-3 项目实施阶段需监测的参数和数据

数据/参数名称	氮肥的施用量（$N_{\text{FP}-i}$）
应用的公式编号	(5-9)、(5-11)、(5-12)
数据描述	项目情景下第i（$i=1,2,\cdots,n$）种作物种植范围内单位面积（hm^2）土壤中氮肥的施用量
数据单位	kg/a
数据来源	现场称量
监测点要求	—
监测仪表要求	标准误差：±1 kg
监测程序与方法要求	重复称量3次取平均值
监测频次与记录要求	—
质量保证/质量控制程序要求	精度：0.2%；校验频率：每年
数据用途	计算项目情景下N_2O直接和间接排放量
备注	—
数据/参数名称	作物种植面积（A_i）
应用的公式编号	(5-6)、(5-13)
数据描述	项目范围内第i（$i=1,2,\cdots,n$）种作物的种植面积
数据单位	hm^2
数据来源	现场测量
数据选用的合理性	—
数值（如有）	—
数据用途	用于计算项目总减排量

(三) 项目实施及监测的数据管理要求

1. 监测农户的管理措施

为确保项目活动按照项目规定的管理措施进行管理，确保参照地的观测值能代表项基准线的排放情况，需为项目中的所有地块建立管理手册。管理记录手册应包含以下内容：

①施肥日期（日期）；

②氮肥施用量，品种，施肥方法；

③播种、收获时间；

④产量。

项目参与方应保证项目区与参照地块的管理方式一致，若农户没有按照管理手册进行田间管理，则该地块的 N_2O 排放不具有参考意义，在综合计算项目情景下 N_2O 排放时，应排除这些地块，才能得到较为准确的、遵循项目管理规定的 N_2O 的减排量。

报告和核查应基于抽样和农户的管理措施记录簿，应遵循最新版本的《CDM 项目活动和规划类项目活动的取样和调查标准》。

项目参与方应该建立一个数据库，数据库包括能明确识别参与项目的旱地信息，包括农户的姓名和住址、项目地块面积等。

2. 化学肥料用量监测

项目开始后，应当按照作物类型的不同将项目范围内的旱地分为不同的区块，监测项目区内每个区块化学肥料的使用量。

3. 监测设备

设备名称：秤。

检测仪表要求：标准误差：±1 kg。

监测程序与方法要求：重复称量 3 次取平均值。

检测质量保证：精度要达到 0.2%，并且每年要进行精准度校验。

4. 数据监测

作为监测部分而收集的所有数据应该保存电子档和纸质档（酌情），同时在计入期结束后至少保存 2 年。所有测量仪表需要满足相关行业标准规定的技术规范、精度和误差要求，并根据行业标准规定的校验设备、校准程序步骤和频次要求，定期校验。

此外，本方法学引用的方法学工具中规定的监测要求也需要遵守。

八、项目审定与核查要点

（一）审定要点

1. 项目资格审定条件

CCER 项目须在 20××年××月××日之后开工建设，并满足《温室气体自愿减排项目审定与核证指南》中关于项目资格审定的四项规定之一。

2. 项目设计文件

项目设计文件的编写应依据从国家主管机构网站上获取的最新格式和填写指南。审定机构应对提交的项目设计文件的格式和完整性进行审定。

3. 项目描述

审定机构应通过现场访问的方式对项目设计文件的完整性和准确性进行审查，确认其符合《温室气体自愿减排项目审定与核证指南》中对清晰性的要求，文件中规定的其他和特殊情况除外。

4. 方法学选择

审定机构应审查项目设计文件中方法学选择部分的论证过程，确认方法学的适用条件得到满足，且项目活动不产生方法学包含范围外的减排量。如不能确认应按《温室气体自愿减排项目审定与核证指南》中相应规则处理，并暂停审定工作。

5. 项目边界

审定机构可根据现场观察和文件评审来确定项目边界选择是否合理，超过排放源1%的偏差可启动方法学的澄清、修订或偏移。

6. 基准线识别

审定机构应根据《温室气体自愿减排项目审定与核证指南》要求，考虑所有合理替代方案并通过其他可靠信息源对基准线情景进行交叉核对。

7. 额外性

审定机构应依据方法学类型区分额外性论证要求。需要进行额外性论证的应根据《温室气体自愿减排项目审定与核证指南》要求对额外性进行审定。主要考察项目是否事先考虑减排机制带来的效益；项目可以从投资分析和障碍分析之间选定一个角度进行额外性论证，大型项目还需要进行普遍性实践分析。

8. 减排量计算

审定机构应按照《温室气体自愿减排项目审定与核证指南》相关要求对减排量计算过程中的数据来源的可靠性、参数选取的准确性和计算的规范性进行审查。

9. 监测计划

审定机构应按照《温室气体自愿减排项目审定与核证指南》中的五项要求对项目设计文件中的监测计划进行审查。

(二) 核证要求

核证要求分为减排量的核证要求和项目备案后变更的审定要求。

1. 减排量核证要求

（1）减排量唯一性。核证机构确认减排量未通过其他机制签发。

（2）项目实施与设计文件的符合性。核证机构现场访问确认项目实施符合设计文件，识别变更并确认项目实施符合方法学。

（3）监测计划与方法学的符合性。核证机构确认监测计划符合方法学，不符则在核证报告以附件形式附上监测计划修订申请。

（4）监测与监测计划的符合性。核证机构应确认项目监测活动符合监测计划，包括参数监测、设备维护与校准、记录频次、质量控制程序的实施等。

（5）校准频次的符合性。如监测方法学或监测计划中有相应要求，核证机构应确认项目业主按计划对监测设备进行校准。

（6）减排量计算结果的合理性。核证机构应按方法学及备案的项目设计文件对减排量计算过程中使用的所有参数、数据以及减排量计算结果进行核证。核证过程应符合《温室气体自愿减排项目审定与核证指南》的相关规范。

2. 项目备案后变更审定要求

（1）监测计划或方法学临时偏移。核证机构应确认偏移发生的确切日期及影响，要求项目业主保守处理。

（2）项目信息或参数纠正。核证机构应确认业主对信息或数据的纠正行为反映项目实际并符合方法学及监测计划。

（3）计入期开始时间变更。核证机构应确认变更的时间点处于更保守的基准线上。

（4）监测计划或方法学永久性变更。核证机构应按照《温室气体自愿减排项目审定与核证指南》的要求对监测计划或方法学永久性变更对项目的影响进行评估，以保守性原则要求业主开展相关调整。

（5）项目设计变更。核证机构应现场访问确认该变更不会导致规模、额外性、方法学适用性、监测及监测计划的一致性的变化，否则出具负面审定意见。

九、方法学编制说明

（一）牵头编制单位、联系人及联系方式

牵头单位：湖北大学中国农业暨典型行业碳减排碳交易研究中心。

联系人：张金鑫。

联系方式：zhangjinxin999@foxmail.com。

（二）主要编写人员

主要编写人员见表 5-4。

表 5-4 主要编写人员

序号	人员姓名	单位名称	专业	职称
1	王红玲	湖北大学中国农业暨典型行业碳减排碳交易研究中心	农业碳减排与碳交易	教授
2	胡荣桂	华中农业大学	土壤过程与环境效应	教授
3	戴志刚	湖北省耕地质量与肥料工作总站	土壤肥料学	副研究员
4	张金鑫	湖北大学中国农业暨典型行业碳减排碳交易研究中心	人口、资源与环境经济学	研究员
5	王海	湖北大学中国农业暨典型行业碳减排碳交易研究中心	碳排放与碳交易	研究员
6	陈洪建	湖北大学中国农业暨典型行业碳减排碳交易研究中心	农业绿色低碳发展	研究员
7	薛菲	一合绿碳（湖北）科技有限公司	能源管理与碳交易	正高级工程师
8	费扬	华中农业大学	生态学	—
9	唐念念	华中农业大学	生态学	—

（三）编制背景详细说明

1. 编制目的、编制原则、编制过程，以及数据采集和计算方法选取的考虑

高强度施肥是我国保证粮食充足供应的主要措施，这不仅导致土壤营养不均衡，肥料利用率低下，还使大量肥料流失到环境中并带来严峻的环境问题。研究表明，全球人为排放的 N_2O 的 60% 以上来源于农业土壤，而氮肥施用是主要原因，中国氮肥所引起的 N_2O 的直接排放量约占全球的 20%。为提高肥料氮利用率，减少肥料资源浪费，保护生态环境，在确保国家粮食安全的基础上实现农业可持续发展，精准施肥技术逐渐在全国兴起。测土配方施肥、种肥同播以及水肥一体化技术等对旱地温室气体排放有重要影响，尤为重要的是对 N_2O 的减排效果。为了规范旱地通过测土配方、种肥同播以及水肥一体化技术等的应用所产生的 N_2O 减排量的计量和监测方法，确保排放量可计量、可核查和可复制，使项目的最终评价具有公正性、成本有效性和可操作性等，故编制本方法学。

方法学编制遵循科学性、准确性、保守性、适用性、可操作性和前瞻性原则。方法学编制依托的具体技术或项目具有较为显著的温室气体减排效果和低碳示范效应，有利于促进种植业节能减排，有利于推进减污降碳协同增

效，有利于引导社会绿色低碳发展，有利于推动实现"碳达峰""碳中和"目标。

编制本方法学的过程中，团队成员、专家等相关人员一起深入调研、分析和讨论。借鉴国内外学者关于温室气体排放及核算的研究成果，保证方法学编制内容科学、有效、真实，符合我国农业生产实际和国际编制规则和规范。

项目通过在旱地土壤中实施测土配方、种肥同播、水肥一体化以及新型肥料，进行 N_2O 排放量的数据采集，根据项目情景下的排放量与基准线情景下 N_2O 排放量的差值，得出在本项目情景下减少的 N_2O 排放量，计算方法参考《IPCC 2006 年国家温室气体清单指南 2019 修订版》。

2. 方法学的行业背景情况、技术现状

中国是化学肥料最大的消费国，中国陆地生态系统氮素输入量的 72% 来自氮肥。过度施肥在造成土壤、水和空气污染的同时，也增加了农业温室气体排放的负荷。针对化学肥料过量使用、施肥结构与方法不合理等现状，我国开始逐步推进精准施肥技术，这些技术能够平衡、合理地补充作物所需要的营养元素，使旱地作物能够均衡地吸收营养，实现养分吸收和元素配比的平衡，提高作物对肥料的利用率。

大量的研究证实，这些施肥技术或肥料生产技术的进步，可显著减少 N_2O 排放量，但目前未见相关减排方法学。本方法学是目前仅见的以精准施肥技术带来的氮肥减量在旱地作物生产过程中 N_2O 减排上的应用，相信随着 CCER 的发展，该方法学会显示出其巨大的优越性，同时，类似的方法学也会随着本方法学的应用而被开发出来。

3. 方法学对推动实现"碳达峰""碳中和"目标、促进重点行业节能减排、推进减污降碳协同增效、引导社会绿色低碳发展的重要意义

本方法学主要核算旱地作物 N_2O 减排，本方法学的应用不仅有利于区域资源更加合理的配置、农业的高质高效绿色发展，并减少氮素在环境中的损失，也有利于推动节能减排、减少农业领域的碳排放，为实现农业领域的碳中和提供有效途径。

在化石能源、交通等引起大量碳排放的领域得到控制后，农业源碳排放将在国家温室气体清单中占有更大的比重，其减排压力将更为严峻。为此，先行明确并找到农业源碳减排的措施和减排量核算方法，对推动和实现碳中和目标有重要意义。此外，该方法学的实施，将为我国 CCER 市场建设，参与国际碳市场交易做好准备。而减排所获得的效益在返回农业领域后，对农

业的持续发展，新农村建设有着持久而巨大的环境、社会和生态效益。

4. 方法学所使用的减排技术的成本效益分析

不考虑本方法学所带来的作物增产效果，和方法学所涉及的氮肥减施增效以及相关环境与生态效益，仅考虑精准施肥技术带来的 N_2O 减排经济效益。

方法学涉及的减排技术，其使用成本主要表现在技术推广、农民培训、测土和施肥配方拟定，以及项目监测、核查等方面。按照测土配方每亩 0.3 元人民币计算技术成本。

方法学收益主要由 N_2O 减排交易带来的经济收入，项目实施期间，与习惯施肥量相比，项目氮肥用量减少 1/3，按照每亩平均减施氮肥 4~10 kg 计算，减排的 CO_2e 为 12~30 kg/亩，按照碳市场价格 40 元/t 计算，由此产生的减排效益为 1.05~2.62 元/亩。

5. 预测方法学在全国范围内应用的项目前景，估算可实现的减排量

农业农村部报告的数据显示，截至 2022 年，全国小麦、玉米、大豆、薯类作物的种植面积分别为 3.53 亿亩、6.46 亿亩、1.54 亿亩、1.08 亿亩。测土配方施肥田间试验结果表明，利用测土配方施肥技术，可亩均减少不合理化学肥料用量（折纯量，下同）4 kg。因此，采用该技术，预估可分别减少 145.47 万 t CO_2e、266.21 万 t CO_2e、63.46 万 t CO_2e、44.51 万 t CO_2e；根据种肥同播多点田间试验结果，应用种肥同播高效施肥技术，可减少肥料损失、提高肥料利用率，每亩可减少化学肥料使用量 2 kg，即采用该技术，预估可分别减少 72.73 万 t CO_2e、133.11 万 t CO_2e、31.73 万 t CO_2e、22.25 万 t CO_2e；水肥一体化技术通过将肥料配兑成肥液与灌溉水一起，均匀、准确地喷灌或微灌输送到作物根部土壤或植株叶面，可实现节水 50% 以上，节肥 50%，在全国小麦、玉米、薯类及大豆作物中，预估可分别减少 181.84 万 t CO_2e、332.76 万 t CO_2e、79.33 万 t CO_2e、55.63 万 t CO_2e；绿色高效产品（如新型肥料）的应用，每亩均节肥 1 kg，利用该技术，预估可分别减少 36.37 万 t CO_2e、66.55 万 t CO_2e、15.87 万 t CO_2e、11.13 万 t CO_2e。

以上结果表明，精准施肥技术在实现碳减排方面有很好的应用前景，本方法学的应用，将有利于促进农业生产过程中节本增效、农业的绿色发展，推动减排和"双碳"目标的实现。

第二节　方法学应用项目案例

以"湖北天门精准施肥旱地温室气体自愿减排项目"为案例，诠释本方法学的实际应用，项目设计文件见表 5-5。

表 5-5　温室气体自愿减排项目设计文件

项目活动名称	湖北天门精准施肥旱地温室气体自愿减排项目
项目所属行业领域	农业
项目设计文件版本	V01
项目设计文件完成日期	2023 年 4 月 20 日
项目业主	新农春甜玉米专业合作社
所选择的方法学	《通过精准施肥减少旱地氧化亚氮排放方法学》
计入期类型及起止时间	固定计入期，2023 年 5 月 1 日—2034 年 4 月 30 日
预计的温室气体年均减排量	618 t CO_2e

一、项目活动描述

(一) 项目活动的目的和概述

1. 项目活动目的

气候变化是当今人类面临的最为严峻的全球性环境问题，农业作为温室气体排放的主要来源，同样也蕴藏着巨大的减排潜力。农业生产过程中采用的农业管理措施，如耕作方式、施肥、灌溉等，影响旱地温室气体排放。其中，氮肥施用是旱地 N_2O 排放的主要来源，占土壤排放 N_2O 的 25%~84%。旱地 N_2O 排放主要来自土壤硝化和反硝化作用。

研究表明，科学地减少氮肥施用量、调整施肥结构、采用合理的施肥管理措施，在保障粮食安全的前提下将有效地减少 N_2O 排放。过度施肥在造成土壤、水和空气污染的同时，也增加了农业温室气体排放的负荷。

针对化学肥料过量使用、施肥结构与方法不合理等现状，我国正在逐步推行精准施肥技术，即通过高效、有针对性地补充作物所需的营养元素，使旱地作物能够均衡地吸收营养，实现养分吸收和元素配比的平衡，提高作物对肥料的利用率。精准施肥相较于习惯施肥，通过优化学肥料中的元素配比，可更好地满足作物生长对各个元素的需求，提高作物对肥料尤其是氮肥的利用效率，从而有效减少旱地 N_2O 的排放，成为农业温室气体减排的重要措施。

2. 项目活动概述

目前，对于精准施肥的研究较多集中于测土配方施肥、种肥同播、水肥一体化以及新型肥料的应用方面。测土配方即通过有针对性地补充作物所需要的营养元素，使农田作物能够均衡地吸收营养，实现养分吸收和元素配比的平衡，提高作物对肥料的利用率；种肥同播即使用播种施肥机械，调整好作物种子与肥料之间的合适距离，将种子和肥料同时播入土壤，是一种通过减少土壤中氮输入从而减少 N_2O 排放的有效方法；水肥一体化即采用压力灌溉设备设施系统，将水溶性固体肥料或液体肥料配兑而成的肥液与灌溉水一起，均匀、准确地喷灌或微灌，将养分和水分输送到作物根部土壤或植株叶面的灌溉施肥方式；新型肥料是以颗粒肥料（单质或复合肥）为核心，表面涂覆一层低水溶性的无机物质或有机聚合物，或者应用化学方法将肥料均匀地融入分解在聚合物中，形成多孔网络体系，并根据聚合物的降解情况促进或延缓养分的释放，使养分的供应能力与作物生长发育的需肥要求相一致的一种新型肥料。施肥与旱地温室气体减排一直是农业与环境领域关注的热点问题，且精准施肥已成实践低碳农业战略的重要途径，是一项有力的农业增产措施。本项目针对合作社管理和协作的10 000亩小麦、玉米等旱地作物开展精准施肥项目。

3. 项目批复情况

本项目依据《通过精准施肥减少旱地氧化亚氮排放方法学》（V01），以农民传统施肥模式为基准线情景，开展各种精准施肥技术，并对实施精准施肥技术以来氮肥用量的变化及旱地 N_2O 减排特征和该项目的环境生态效应进行分析。该项目为农户在合作社指导下开展具体工作，不存在项目审批。

（二）项目活动地点

1. 省/直辖市/自治区

湖北省天门市。

2. 市/县/乡（镇）/村

天门市张港镇徐邵台。

3. 项目地理位置

天门市，古称竟陵，湖北省直辖县级市、省直管市，是武汉都市圈、长江中游城市群成员，湖北省区域中心城市。地处湖北中南部、江汉平原北部，北抵大洪山，南濒汉江，西达荆州，东距武汉城区 90 km。截至 2021 年底，全市共辖 3 个街道、21 个镇、1 个乡，总面积 2 622 km²。

天门市位于湖北省中南部，江汉平原北部，总面积 2 622 km²；介于东经112°33′~113°26′、北纬30°22′~30°52′之间。东与孝感市的汉川、应城接壤，北与荆门市的京山、钟祥毗邻，南面和西面隔汉江与仙桃、潜江、荆门相望。市境北缘与大洪山余脉的低丘相连，西、南面有汉水环绕。境内东西最大横距约 85 km，南北最大纵距约 58 km。

（三）项目活动的技术说明

本项目通过精准施肥以减少 N_2O 排放。

二、基准线和监测方法学的应用

（一）引用的方法学名称

《通过精准施肥减少旱地氧化亚氮排放方法学》。

（二）方法学适用性

本方法学的适用条件包括：

①适用对象为旱地作物，包括蔬菜地、草地、果园、茶园等；

②项目开始后项目边界内的耕作管理方式，特别是灌溉方式不发生明显变化；

③ N_2O 排放量监测数据为施肥后 1 个月内频繁监测；

④水源充足的农用地。

本方法学不适用于水旱轮作的旱季作物时期。

（三）项目边界

项目边界包括项目参与方进行精准施肥技术活动的旱地所在的具体地理位置，该项目活动可在一个或多个的独立地块进行。一个项目活动可在若干个不同的地块上进行，但每个地块应有特定的地理边界。

项目边界可采用下述方法确定。

（1）卫星系统。全球定位系统、北斗卫星导航系统等，确定该项目活动的具体经度、纬度和海拔等。

（2）现场考察。使用大比例尺地形图（比例尺不小于 1∶10 000）进行现场勾绘，结合全球定位系统、北斗卫星导航系统等定位系统进行精度控制。面积勾绘时要排除地块之间的道路、灌溉渠和田埂等非种植面积。

基准线情景和项目活动包括的温室气体排放源见表 5-6。

表 5-6　基准线情景和项目活动包括的温室气体排放源

类别	排放源	温室气体种类	是否包括	理由/解释
基准线情景	旱地土壤直接排放	CH_4	否	简化排除
		CO_2	否	简化排除
		N_2O	是	主要 N_2O 排放源
	旱地土壤间接排放	N_2O	是	主要 N_2O 排放源
	农机化石燃料消耗	$CO_2/CH_4/N_2O$	否	简化排除
项目活动	旱地土壤直接排放	CH_4	否	简化排除
		CO_2		
		N_2O	是	主要 N_2O 排放源
	旱地土壤间接排放	N_2O	是	主要 N_2O 排放源
	农机化石燃料消耗	$CO_2/CH_4/N_2O$	否	简化排除

(四) 基准线情景的识别和描述

项目基准线情景为项目区域内常规氮肥施用量，项目情景为使用精准施肥技术（包括测土配方施肥、种肥同播技术、水肥一体化技术、新型肥料应用技术等）后的氮肥施用量。

（1）如果在项目区域所在的县、市有相关部门公布了相关作物的推荐施肥量或当地常规施肥量，那么基准线情景为所推荐的施肥量或常规施肥量。

例如，湖北省农业农村厅下发的《省农业农村厅办公室关于印发湖北省主要农作物氮肥定额用量（试行）的通知》，对湖北省内小麦、玉米、油菜等几种作物主要产区的氮肥定额用量作出了规定。

（2）如果在项目区域所在的县、市相关部门处查询不到相关作物的推荐施肥量或当地常规施肥量，基准线情景下的施氮量可通过项目所在地基层农业科技服务站历年施肥记录获得。

(五) 额外性论证

本项目年减排量仅 618 t CO_2e。按照方法学要求，本项目年减排量小于 2 万 t CO_2e，可以免除额外性论证。

(六) 减排量

1. 基准线情景下 N_2O 排放计算

基准线排放是在没有项目活动的情况下的排放，若项目范围内种植多种作物，需分别计算不同作物的基准线排放。每种作物种植时基准线情景下的 N_2O 排放量均应用下列公式进行计算。

第 i $(i=1,2,\cdots,n)$ 种作物种植时基准线情景下的 N_2O 排放量为直接排放量和间接排放量之和，按照公式（5-1）计算。

（1）直接排放。N_2O 直接排放源于氮肥的施用，根据作物生长季氮肥实际施用来计算，以公式（5-2）计算第 i $(i=1,2,\cdots,n)$ 种作物种植时的 N_2O 直接排放量。

（2）间接排放。农田土壤 N_2O 间接排放是指氮肥施用后，在土壤中转化为 NH_3 和 NO_x 挥发进入大气，经过大气氮沉降再进入土壤而引起的 N_2O 排放，以及肥料氮经淋溶或径流损失进入水体而引起的 N_2O 排放。

氮肥施用引起的农田土壤 N_2O 间接排放量，按照公式（5-3）计算。

大气氮沉降引起的 N_2O 间接排放量，按照公式（5-4）计算。

淋溶、径流引起的 N_2O 间接排放量，按照公式（5-5）计算。

第 i $(i=1,2,\cdots,n)$ 种作物种植范围内基准线情景下的 N_2O 排放量，按照公式（5-6）计算。

基准线情景下的 N_2O 排放量为不同作物种植时 N_2O 排放量的加和，按照公式（5-7）计算。

2. 项目情景下的 N_2O 排放计算

项目所采用精准施肥技术，包括测土配方施肥、种肥同播、缓释肥等，其 N_2O 排放量均按照项目实施期间的氮肥实际施用量来计算。不同作物、不同技术措施在同一项目中出现时，应分别计算减排量。

项目情景下 N_2O 排放量为农田按照项目要求施用氮肥所产生的直接排放量和间接排放量，按照公式（5-8）计算。

第 i $(i=1,2,\cdots,n)$ 种作物种植时的 N_2O 直接排放量，按照公式（5-9）计算。项目情景下第 i $(i=1,2,\cdots,n)$ 种作物种植时的 N_2O 间接排放，按照公式（5-10）计算。

大气氮沉降引起的 N_2O 间接排放量，按照公式（5-11）计算。

淋溶、径流引起的 N_2O 间接排放量，按照公式（5-12）计算。

第 i $(i=1,2,\cdots,n)$ 种作物种项目情景下的 N_2O 排放量，按照公式（5-13）计算。

项目情景下的 N_2O 排放量为不同作物种植时 N_2O 排放量的加和，按照公式（5-14）计算。

农用地 N_2O 直接排放因子确定：《IPCC 2006 年国家温室气体清单指南

2019 修订版》确定的排放因子为 0.010 9（不确定性 0.002 6~0.022），但根据保守原则，应该考虑对环境影响最大的情况，所以本方法学建议基准线情景和项目情景土壤 N_2O 的直接排放因子 EF_1 采取保守数值，即都采用《IPCC 2006 年国家温室气体清单指南 2019 修订版》所确定数值的最大值 0.022。

农用地 N_2O 间接排放因子确定：大气氮沉降引起的 N_2O 排放因子建议采用《IPCC 2006 年国家温室气体清单指南 2019 修订版》的默认值 0.01；氮淋溶和径流损失引起的 N_2O 排放因子建议采用《IPCC 2006 年国家温室气体清单指南 2019 修订版》提供的默认值 0.007 5。

3. 泄漏

本方法学不考虑项目活动对边界外的温室气体排放的影响，对项目活动中农事机械、耕作及其他操作所引起少量的温室气体排放均作简化处理。本方法学主要关注精准施肥技术所减少的氮肥而带来的土壤 N_2O 减排效果，因该农事操作不会引起 CO_2 排放增加。此外，旱地属于好氧环境，土壤可吸收甲烷，本方法学亦忽略不计。

4. 项目减排量

项目产生的减排量，按照公式（5-15）计算。

项目总碳减排量，按照公式（5-16）计算。

5. 预先确定的参数和数据

预先确定的参数和数据见表 5-7。

表 5-7 预先确定的参数和数据

数据/参数名称	氮肥的施用量（N_{Fb-i}）
应用的公式编号	(5-2)、(5-4)、(5-5)
数据描述	基准线情景下第 i（$i=1,2,\cdots,n$）种作物种植范围内单位面积（hm^2）土壤中氮肥的施用量
数据单位	kg/a
数据来源	现场称量
数据选用的合理性	—
数值（如有）	—
数据用途	用于基准线情景下，计算 N_2O 直接排放量
备注	—

(续表)

数据/参数名称	N_2O 直接排放因子（EF_1）
应用的公式编号	(5-2)、(5-9)
数据描述	N_2O 直接排放因子
数据单位	
数据来源	《IPCC 2006 年国家温室气体清单指南 2019 修订版》
数据选用的合理性	—
数值（如有）	0.022
数据用途	用于基准线情景和项目情景，计算 N_2O 直接排放量
备注	—
数据/参数名称	N_2O 排放的排放因子（EF_2）
应用的公式编号	(5-4)、(5-11)
数据描述	在土壤和水面，大气氮沉降产生的 N_2O 排放的排放因子
数据单位	—
数据来源	《IPCC 2006 年国家温室气体清单指南 2019 修订版》
数据选用的合理性	—
数值（如有）	0.01
数据用途	用于基准线情景和项目情景，计算大气氮沉降导致的 N_2O 间接排放量
备注	—
数据/参数名称	N_2O 排放的排放因子（EF_3）
应用的公式编号	(5-5)、(5-12)
数据描述	氮淋溶和径流引起的 N_2O 排放的排放因子
数据单位	—
数据来源	《IPCC 2006 年国家温室气体清单指南 2019 修订版》
数据选用的合理性	—
数值（如有）	0.007 5
数据用途	用于基准线情景和项目情景，计算淋溶和径流产生的 N_2O 间接排放量
备注	

(续表)

数据/参数名称	挥发肥料氮的比例（$Frac_{GASF}$）
应用的公式编号	(5-4)、(5-11)
数据描述	以 NH_3 和 NO_x 形式挥发的肥料氮的比例
数据单位	kg/kg
数据来源	—
数据选用的合理性	—
数值（如有）	0.10
数据用途	用于基准线情景和项目情景，计算大气氮沉降导致的 N_2O 间接排放量
备注	—
数据/参数名称	淋溶和径流损失肥料氮的比例（$Frac_{LEACH}$）
应用的公式编号	(5-5)、(5-12)
数据描述	土壤中通过淋溶和径流损失的肥料氮的比例
数据单位	kg/kg
数据来源	—
数据选用的合理性	—
数值（如有）	0.20
数据用途	用于基准线情景和项目情景，计算淋溶和径流产生的 N_2O 间接排放量
备注	—
数据/参数名称	作物种植面积（A_i）
应用的公式编号	(5-6)、(5-13)
数据描述	项目范围内第 i（$i=1,2,\cdots,n$）种作物的种植面积
数据单位	hm^2
数据来源	现场测量
数据选用的合理性	—
数值（如有）	—
数据用途	用于计算项目总减排量

6. 事前估算减排量概要

事前估算减排量见表 5-8。

表 5-8　事前估算减排量　　　　　　　　　　　　单位：t CO$_2$e

年份	基准线排放	项目排放	泄漏	减排量
2023 年 5 月 1 日—2024 年 4 月 30 日	2 060	1 442	0	618
2024 年 5 月 1 日—2025 年 4 月 30 日	2 060	1 442	0	618
2025 年 5 月 1 日—2026 年 4 月 30 日	2 060	1 442	0	618
2026 年 5 月 1 日—2027 年 4 月 30 日	2 060	1 442	0	618
2027 年 5 月 1 日—2028 年 4 月 30 日	2 060	1 442	0	618
2028 年 5 月 1 日—2029 年 4 月 30 日	2 060	1 442	0	618
2029 年 5 月 1 日—2030 年 4 月 30 日	2 060	1 442	0	618
2030 年 5 月 1 日—2031 年 4 月 30 日	2 060	1 442	0	618
2031 年 5 月 1 日—2032 年 4 月 30 日	2 060	1 442	0	618
2032 年 5 月 1 日—2033 年 4 月 30 日	2 060	1 442	0	618
合计	20 600	14 420	0	6 180
计入期内年均值	2 060	1 442	0	618

（七）监测计划

监测计划见表 5-9。

表 5-9　监测计划

数据/参数名称	氮肥的施用量（N_{FP-i}）
应用的公式编号	(5-9)、(5-11)、(5-12)
数据描述	项目情景下第 i（$i=1,2,\cdots,n$）种作物种植范围内单位面积（hm^2）土壤中氮肥的施用量
数据单位	kg/a
数据来源	现场称量
监测点要求	—
监测仪表要求	标准误差：±1 kg
监测程序与方法要求	重复称量 3 次取平均值
监测频次与记录要求	—

(续表)

质量保证/质量控制程序要求	精度：0.2%； 校验频率：每年
数据用途	计算项目情景下 N_2O 直接和间接排放量
备注	—
数据/参数名称	**作物种植面积（A_i）**
应用的公式编号	(5-6)、(5-13)
数据描述	项目范围内第 i（$i=1,2,\cdots,n$）种作物的种植面积
数据单位	hm^2
数据来源	现场测量
数据选用的合理性	—
数值（如有）	—
数据用途	用于计算项目总减排量

(八) 项目实施及监测的数据管理要求

1. 监测农户的管理措施

为确保项目活动按照项目规定的管理措施进行管理，确保参照地的观测值能代表项基准线的排放情况，需为项目中的所有地块建立管理手册。管理记录手册应包含以下内容：

①施肥日期（日期）；

②氮肥施用量、品种、施肥方法；

③播种、收获时间；

④产量。

项目参与方应保证项目区与参照地块的管理方式一致，若农户没有按照管理手册进行田间管理，则该地块的 N_2O 排放不具有参考意义，在综合计算项目情景下 N_2O 排放时，应排除这些地块，才能得到较为准确的、遵循项目管理规定的 N_2O 的减排量。

报告和核查应基于抽样和农户的管理措施记录簿，应遵循最新版本的《CDM 项目活动和规划类项目活动的取样和调查标准》。

项目参与方应该建立一个数据库，数据库包括能明确识别参与项目的旱地信息，包括农户的姓名和住址、项目地块面积等。

2. 化学肥料用量监测

项目开始后，应当按照作物类型的不同将项目范围内的旱地分为不同的区块，监测项目区内每个区块化学肥料的使用量。

3. 监测设备

设备名称：秤。

检测仪表要求：标准误差：±1 kg。

监测程序与方法要求：重复称量3次取平均值。

检测质量保证：精度要达到0.2%，并且每年要进行精准度校验。

4. 数据监测

作为监测部分而收集的所有数据应该保存电子档和纸质档（酌情），同时在计入期结束后至少保存2年。所有测量仪表需要满足相关行业标准规定的技术规范、精度和误差要求，并根据行业标准规定的校验设备、校准程序步骤和频次要求，定期校验。

此外，本方法学引用的方法学工具中规定的监测要求也需要遵守。

三、项目活动期限和减排计入期

（一）项目活动期限

1. 项目活动开始日期

2023年5月1日。

2. 预计的项目活动运行寿命

2023年5月1日—2033年4月30日。

（二）项目活动减排计入期

1. 计入期类型

固定计入期，共计10年。

2. 第一计入期开始日期

2023年5月1日（项目开始日期）。

3. 第一计入期长度

10年（2023年5月1日—2033年4月30日）。

四、环境影响

（一）环境影响分析

不适用。

（二）环境影响评价

不适用。

五、社会经济影响

本项目的实施,将推动湖北省旱地作物种植业的发展,减少化学肥料施用,减少化学肥料对环境的危害。实施精准施肥的碳汇项目,有助于推动旱地作物种植的生态建设,促进产业转型发展;坚持以人为本的理念,遏制生态环境的恶化、保护生物多样性、促进项目区社会经济的可持续发展;构建比较完善的种植生态体系和产业体系,为国民经济和社会可持续发展作出贡献。

(一)增加收入

本项目的实施,不仅增加了作物产量,而且减少了化学肥料使用量,减少了化学肥料支出,从而增加了农民收入。

(二)提供就业

精准施肥技术需要更多的人力支持,提供给当地居民更多的就业机会,如施肥技术的精准使用以及技术推广等,可在一定程度上解决当地富余劳动力就业的问题,从而提高当地群众的生活质量。

(三)维护社会稳定

随着生态环境的改善,推动了生态旅游业的发展,也推动了相关产业(服务业、商业、交通运输等)的繁荣,从而为社会提供了广阔的就业空间,推动了当地经济的可持续发展,促进了社会和谐稳定。

精准施肥技术是农业领域中常用的节能减排技术之一,采用科学合理的施肥方案,减少肥料的使用量,避免养分的浪费,提高施肥效果,减少肥料对环境的污染,在实现碳减排方面有很好的作用,有利于促进农业生产过程中节本增效和农业的绿色发展。

六、利益相关方的评价意见

(一)简要说明如何征求地方利益相关方的评价意见及如何汇总这些意见

本项目的主要利益相关方为湖北省天门市农民,本项目于2023年4月,向利益相关方发放80份问卷调查,回收80份,反馈率100%。利益相关方代表了不同的受教育程度和年龄(表5-10)。在此期间,天门市农业农村局组织各利益相关方讨论本项目在社会、经济、环境方面的好处和可能的不足,并针对他们提出的疑问和问题进行讨论和解答。利益相关方基本信息见表5-10,信息反馈汇总见表5-11。

表 5-10　利益相关方基本信息

类别	项目	人数（占比）
性别	男	62（77.50%）
	女	18（22.50%）
年龄	20~30 岁	9（11.25%）
	30~50 岁	54（67.50%）
	50 岁以上	17（21.25%）
教育程度	初中及以下	55（68.75%）
	高中	20（25.00%）
	大学及以上	5（6.25%）

表 5-11　利益相关方信息反馈汇总

序号	问题	答案	人数（占比）
1	是否了解气候变化与农业碳汇？	不知道	10（12.50%）
		知道一点	56（70.00%）
		很清楚	14（17.50%）
2	是否知道土地退化的原因？	土壤养分流失	38（47.50%）
		人为破坏	52（65.00%）
		缺乏管理	42（52.50%）
		病虫害严重	19（23.75%）
3	是否知道本碳汇项目？	不知道	10（12.50%）
		知道一点	59（73.75%）
		很清楚	11（13.75%）
4	从何处得到本碳汇项目的信息？	网络	12（15.00%）
		报纸	11（13.75%）
		政府信息	36（45.00%）
		其他	21（26.25%）
5	本次项目各项具体工作是否有专人负责？	是	42（52.50%）
		不知道	32（40.00%）
		否	6（7.50%）
6	你是否参与项目活动？	是	44（55.00%）
		否	36（45.00%）

(续表)

序号	问题	答案	人数（占比）
7	是否支持本碳汇项目实施？	是	74（92.50%）
		不清楚	6（7.50%）
		否	0（0.00%）
8	是否认为本碳汇项目可以为当地带来经济效益、环境效益和社会效益？	是	63（78.75%）
		不清楚	17（21.25%）
		否	0（0.00%）
9	对本碳汇项目，您关心哪方面效益？（多选）	经济效益	52（29.55%）
		环境效益	71（40.34%）
		社会效益	53（30.11%）
		其他	0（0.00%）
10	本项目的实施对周边的居民是否有益？	是	79（98.75%）
		否	1（1.25%）
11	是否认为本碳汇项目会对周边环境带来负面影响？	是	1（1.25%）
		否	79（98.75%）
12	本碳汇项目对您有哪些影响？	提供就业机会	25（31.25%）
		改善周边环境	64（80.00%）
		妨碍日常生活	0（0.00%）
		其他	22（27.50%）
13	您对本项目有何意见或建议？	项目是好项目，建议尽快推进项目，政府需加大投资和宣传力度，保证项目顺利推进，造福人民	

（二）收到的评价意见的汇总

根据利益相关方的反馈，可以得出如下结论。

1. 利益相关方对农业碳汇认知程度较低

从反馈的信息看，许多人对农业碳汇只是简单的了解，只有通过培训，才能让他们对农业碳汇和碳交易有进一步的了解。

2. 非常支持开展碳汇活动

从反馈的信息看，几乎全部利益相关方支持开展农业碳汇活动，并认识到如果碳汇活动能够顺利地进行，将会带来以下3个方面的效益。

（1）经济效益。增加农业收益，为地方政府创收。

(2) 生态效益。改善生态环境，减少水土流失。

(3) 社会效益。改善居民周边生活环境，提供就业机会。

（三）对所收到的评价意见如何给予相应考虑的报告

通过对利益相关方调查问卷获得的相关意见分析发现，几乎全部利益相关方支持本项目活动的开展。以下为对利益相关方提出的问题进行的回复。

(1) 协调相关部门，对利益相关方进行农业碳汇技术方面的培训，使得他们能够根据当地条件，进行科学合理的水稻种植培训。

(2) 作业过程中，对土壤的扰动和补植补造过程中对地块坡度、土壤性质的选择要科学合理，不能产生水土流失。

附录 5　申请项目备案的企业法人联系信息

申请项目备案的企业法人联系信息见附表 5-1。

附表 5-1　申请项目备案的企业法人联系信息

企业法人名称：	新农春甜玉米专业合作社
地址：	湖北省天门市张港镇徐邵台
邮政编码：	—
电话：	—
传真：	—
电子邮件：	—
网址：	—
授权代表姓名：	陈小兵
职务：	社长
部门：	—
手机：	—
传真：	—
电话：	—
电子邮件：	—

展　　望

"双碳"目标的实现，尤其是"碳中和"目标的实现不能仅依靠强制性碳排放权交易市场，CCER市场的助力同样至关重要。目前，中国碳市场存在碳排放配额分配活跃度不够、核算数据质量较低、企业履约承受能力不足等问题。然而可以预见，下一阶段的CCER极有可能不再仅仅被视作一种抵消机制，而是会像强制性碳排放权交易市场上的碳产品一样，被视作一种具有多重功能的碳资产，发挥其金融市场流通、资金收储等功效。同样可以展望的是，未来的CCER机制将进一步向其他功能延伸、拓展。

CCER机制于2012年开启，2015年进入交易阶段，2017年3月有关部门暂停了项目备案。2023年10月19日，生态环境部公布、施行《温室气体自愿减排交易管理办法（试行）》，在《温室气体自愿减排交易管理暂行办法》修订的基础上进一步完善了配套的CCER备案，重启CCER的信号持续加强。

欧盟碳边境调节机制（CBAM）实施后，CCER形势大好。随着2021年7月14日《欧盟关于建立碳边境调节机制的立法提案》的正式颁布，欧盟创建促进低碳产品贸易、限制高碳产品贸易的全球贸易规则的意愿越发明显。尽管最终实施仍有不确定性，但是绿色国际贸易壁垒可能成为长期趋势，这为我国的众多行业（如农业）提供了开发CCER项目的契机，即CBAM将促使更多的中国企业开发CCER项目并进行交易，以增加出口贸易额、增加碳税收入等，从而有利于活跃CCER项目市场。目前我国碳市场行业覆盖采取"抓大放小"的思路，农业碳排放暂未纳入八大强排行业。但是，这依然不能阻止农业碳减排以CCER机制的形式为我国有效应对欧盟CBAM提供保障。因此，在欧盟CBAM颁布并将实施的背景下，我国CCER项目具有广阔的前景。

从第二十六次缔约方大会（COP26）看CCER前景。2021年在COP26上与会各国对过去6年来分歧最大的《巴黎协定》第六条达成了一致意见。第六条中的国家自主贡献（NDC）是《巴黎协定》最核心的制度，体现了全球气候治理模式从"自上而下"到"自下而上"的转变。这一碳减排新模式意味着全球所有国家，不论是发达国家还是发展中国家，均在"共同但有区别责任"原则下，以自主决定的方式确定其气候目标和行动，承担碳减排义务。我国也在此次大会上更新了国家自主贡献目标。CCER 是中国版的碳信用（Carbon Credit），对标格拉斯哥时代国际碳市场的发展趋势，可以预见，CCER 作为我国碳排放配额交易市场的有效补充，将在我国碳排放权交易市场发挥重要的作用，助力"碳中和"目标的实现。应对气候变化是中国作为负责任大国应尽的国际义务，中国的碳交易市场拥有巨大的发展潜力，因此可以预判，未来我国不仅会对标《巴黎协定》第六条实施细则，加强碳市场的能力建设，而且会加入《巴黎协定》下的 6.4 机制，成为主要的开发商及贸易商。因此，在气候治理新时代的国际背景下，我国 CCER 机制也将迎来前所未有的机遇与广阔前景。

利用农业 CCER 交易是实现农业绿色高质量发展的长效激励机制，促进农业碳减排碳交易是助力"碳达峰""碳中和"目标实现不可缺少的环节。遵循自然规律和生态学原理，协调种植业和养殖业的平衡，维持农业生态系统持续稳定，是科学开发农业温室气体核证自愿减排项目方法学的必要前提。目前农业温室气体核证自愿减排项目方法学与工业相关方法学相比，数量少、排放因子库相对不完善。在编制方法学时要综合考虑管理数据（作物类型、肥料类型、施肥量、耕作等）、实测数据（土壤数据如碳含量、pH 值、容重、黏粒含量，气象要素等）等对温室气体排放的影响，需精准体现生产过程中不同区域、生产类型和管理条件下温室气体排放的差别，克服单一排放因子法计量存在的不确定性，满足任意点位或区域尺度的农业减排固碳量计算需求。此外，在编制方法学时还应充分考虑成本和精度，合理权衡，采用较少的采样点位获取相对准确的结果，大幅降低人工和监测成本，使温室气体减排核查具有可操作性。

整体而言，农业碳交易关键的阻碍是方法学的缺失及部分方法学的科学性不足。由研究团队与中国农业科学院油料作物研究所共同编制的 CCER 方法学《使用 ARC 微生物菌剂种植花生减少氧化亚氮排放》即将完成，研究团队后续将进一步聚焦农业碳减排碳交易及农业 CCER 方法学的研究。通过建立和完善农业温室气体核证自愿减排方法学，促进农业减排固碳量核证及其在 CCER 碳市场的交易，将碳资产变现盘活并反哺农业发展，可以拓宽农民增收致富渠道，扩大低碳农业产业发展规模，对于发挥农业产业在减缓气候变化中的作用、推动农业高质量发展与农产品供给侧结构性改革、全面推进减污降碳工作、改善生态环境质量、助力我国"碳达峰""碳中和"目标的实现具有重要的作用和意义。

参考文献

柏振忠,钟雨欣,胡婉玲,等,2022.气候智慧型农业技术碳计量方法学初探[J].湖北农业科学,61(24):229-235.

毕于运,高春雨,王亚静,等,2009.中国秸秆资源数量估算[J].农业工程学报,25(12):211-217.

CM-007-V01 工业废水处理过程中温室气体减排(第一版)[EB/OL].htps://max.book118.com/html/2017/0506/104746019.shtm.

CMS-016-V01 通过可控厌氧分解进行甲烷回收(第一版)[EB/OL].htps://max.book118.com/html/2017/0323/96525820.shtm.

CMS-021-V01 动物粪便管理系统甲烷回收(第一版)[EB/OL].https://max.book118.com/html/2017/0407/99162808.shtm.

CMS-026-V01 家庭或小农场农业活动甲烷回收(第一版)[EB/OL].htps://max.book118.com/html/2018/0215/153337710.shtm.

陈欢,刘永忠,潘一凡,等,2022.我国橘园栽培管理中遇到的问题和需求研究[J].浙江柑橘,39(3):2-5.

陈美安,胡敏,杨鹂,等,2022.农食系统与碳中和:中国农业与食物相关温室气体减排路径分析[EB/OL].http://www.igdp.cn/wp-content/uploads/2023/12/2023-11-30-iGDP-Report-CN-The-Agri-Food-System-and-Carbon-Neutrality.pdf.

陈松文,刘天奇,曹凑贵,等,2021.水稻生产碳中和现状及低碳稻作技术策略[J].华中农业大学学报,40(3):3-12.

程琳,刘章勇,王彬,等,2015.江汉平原易涝易渍农田不同种植模式的综合效益研究[J].环境科学与技术,38(5):30-34.

付薇薇,尹力初,张蕾,等,2016.有机物料碳和土壤有机碳对水稻土甲烷排放的影响[J].中国土壤与肥料(2):14-20.

高有清,刘笑宇,孟庆杰,等,2023.鸡粪与玉米秸秆混合厌氧干发酵研究[J].当代化工研究(1):182-184.

参考文献

国家发展和改革委员会,2012. 温室气体自愿减排交易管理暂行办法[OL]. https://www.beijing.gov.cn/zhengce/zhengcefagui/qtwj/201611/t20161115_1162096.html.

国家发展和改革委员会,能源局,财政部,等,2020. 关于促进生物天然气产业化发展的指导意见[J]. 中华人民共和国国务院公报(9):69-73.

国家发展和改革委员会,2014. 省级温室气体清单编制指南(试行)[OL]. http://www.cbcsd.org.cn/sjk/nengyuan/standard/home/20140113/download/shengjiwenshiqiti.pdf.

胡婉玲,任然,王红玲,等,2018. 气候智慧型农业在中国的实践、问题与对策[J]. 湖北农业科学,57(20):141-145.

华中农业大学. 一种两收全程机械化水稻栽培的方法.201310521643.6[P]. 2016-06-15.

霍丽丽,赵立欣,姚宗路,等,2021. 农业生物质能温室气体减排潜力[J]. 农业工程学报,37(22):179-187.

IPCC,2003. 土地利用、土地利用变化和林业优良做法指南[OL]. https://www.ipcc.ch/publication/good-practice-guidance-for-land-use-land-use-change-and-forestry/.

加快推行农业清洁生产[N]. 经济日报,2023-04-10(11). DOI:10.28425/n.cnki.njjrb.2023.002433.

江西省市场监督管理局,2018. 再生稻高产栽培技术规程:DB36/T 1073—2018[S].

李浪平,2006. 克氏原螯虾食性、生长和掘洞行为研究[D]. 武汉:华中农业大学.

李晓晖,艾仙斌,黄凯,等,2020. 畜禽粪便中有害成分的无害化处理研究进展[J]. 家畜生态学报,41(4):8-13.

李永双,孙波,陈菊红,等,2021. 纳米膜覆盖对畜禽粪便好氧堆肥进程及恶臭气体排放的影响[J]. 环境科学,42(11):5554-5562.

林志敏,李洲,翁佩莹,等,2022. 再生稻田温室气体排放特征及碳足迹[J]. 应用生态学报,33(5):1340-1351.

农业农村部,2022. 农业农村部关于推进稻渔综合种养产业高质量发展的指导意见[OL]. https://www.gov.cn/zhengce/zhengceku/2022-11/01/content_5723093.htm.

农业农村部办公厅,2020. 稻渔综合种养技术规范 第4部分:稻虾(克氏原螯虾）：SC/T 1135.4：2020[S].

农业农村部办公厅, 2020. 稻渔综合种养生产技术指南[OL]. http://www.moa.gov.cn/xw/zxfb/202004/t20200401_6340527.htm.

庞力豪, 邵蕾, 葛猜猜, 等, 2018. 山东省主要农作物秸秆资源评估及肥料化利用经济效益分析[J]. 山东农业科学, 50(12)：80-85.

彭少兵, 2014. 对转型时期水稻生产的战略思考[J]. 中国科学：生命科学, 44(8)：845-850.

邱坤, 宋静, 程静思, 等, 2018. 秸秆沼气化发展现状与趋势：以四川省为例[J]. 中国沼气, 36(6)：109-111.

任晓静, 2017. 冬水田转稻麦轮作对 CH_4 排放的影响[D]. 武汉：华中农业大学.

任秀娜, 2022. 矿物材料对畜禽粪便好氧堆肥碳氮转化的影响机制研究[D]. 杨凌：西北农林科技大学.

生态环境部, 2018. 中华人民共和国气候变化第三次国家信息通报[M]. 北京：中国经济出版社.

生态环境部, 市场监管总局. 温室气体自愿减排交易管理办法（试行）[OL]. https://www.gov.cn/zhengce/zhengceku/202310/content_6910691.htm.

石祖梁, 刘璐璐, 王飞, 等, 2016. 我国农作物秸秆综合利用发展模式及政策建议[J]. 中国农业科技导报, 18(6)：16-22.

帅艳菊, 2021. 湖北省主要稻作模式温室气体排放模拟研究[D]. 武汉：华中农业大学.

宋大利, 侯胜鹏, 王秀斌, 等, 2018. 中国秸秆养分资源数量及替代化学肥料潜力[J]. 植物营养与肥料学报, 24(1)：1-21.

孙自川, 2018. 稻虾共作下秸秆还田和投食对温室气体排放的影响[D]. 武汉：华中农业大学.

谭淑豪, 王硕, 刘青, 等, 2022. 稻虾共作土地利用的合理性分析：基于湖北潜江和荆州地块层面的调研[J]. 中国土地科学, 36(7)：106-115.

腾传钧, 汪国英, 2003. 沼气节能综合利用技术[M]. 贵阳：贵州科技出版社.

王飞, 黄见良, 彭少兵, 2021. 机收再生稻丰产优质高效栽培技术研究进展[J]. 中国稻米, 27(1)：1-6.

王婷婷, 汤云川, 贺莉, 等, 2023. 酒糟与秸秆混合厌氧硝化产沼气特性研究[J]. 中国沼气, 41(2): 23-28.

韦茂贵, 王晓玉, 谢光辉, 2012. 中国各省大田作物田间秸秆资源量及其时间分布[J]. 中国农业大学学报, 17(6): 38-50.

吴浩玮, 孙小淇, 梁博文, 等, 2020. 我国畜禽粪便污染现状及处理与资源化利用分析[J]. 农业环境科学学报, 39(6): 1168-1176.

奚永兰, 刘洋, 高娣, 等, 2020. 农村生活垃圾厌氧发酵产沼气潜力研究[J]. 农业工程学报, 36(23): 222-228.

徐祥玉, 张敏敏, 彭成林, 等, 2017. 稻虾共作对秸秆还田后稻田温室气体排放的影响[J]. 中国生态农业学报, 25(11): 1591-1603.

徐新超, 伏广农, 谢小茜, 等, 2013. 农田氧化亚氮排放的主要影响因素及其作用机制[J]. 广东农业科学, 40(11): 171-176.

严圣吉, 邓艾兴, 尚子吟, 等, 2022. 我国作物生产碳排放特征及助力碳中和的减排固碳途径[J]. 作物学报, 48(4): 930-941.

尹成杰, 2018. 捡回另一半农业的再思考[J]. 农村工作通讯(3): 44-48.

张福锁, 王激清, 张卫峰, 等, 2008. 中国主要粮食作物肥料利用率现状与提高途径[J]. 土壤学报, 45(5): 915-924.

张华颖, 何忠伟, 2018. 北京农业废弃物循环利用现状与模式分析[J]. 农业科技展望(11): 85-90.

张金鑫, 王红玲, 2020. 环境规制, 农业技术创新与农业碳排放[J]. 湖北大学学报: 哲学社会科学版, 47(4): 147-156.

张浪, 徐华勤, 李林林, 等, 2019. 再生稻和双季稻田 CH_4 排放对比研究[J]. 中国农业科学, 52(12): 2101-2113.

张晓艳, 张广斌, 纪洋, 等, 2010. 冬季淹水稻田 CH_4 产生、氧化和排放规律及其影响因素研究[J]. 生态环境学报, 19(11): 2540-2545.

张学智, 王继岩, 张藤丽, 等, 2021. 中国农业系统甲烷排放量评估及低碳措施[J]. 环境科学与技术, 44(3): 200-208.

张影, 2014. 湖北宜昌橘园微肥施用及酸性土壤改良效果研究[D]. 武汉: 华中农业大学.

赵考诚, 马军, 叶迎, 等, 2021. 稻虾生态种养综合效应研究进展[J]. 作物杂志(2): 22-27.

郑威, 周红, 杨航波, 等, 2021. 海泡石添加对猪粪堆肥腐熟和水溶性有机质的影响[J]. 农业工程学报, 37(1): 259-266.

智研咨询. 2022 年中国秸秆理论资源量、综合利用量、市场规(模及发展方向分[EB/OL]. http://www.360doc.com/content/23/0620/09/79754478_1085445993.shtml.

中国产业发展促进会生物质能产业分会, 2021. 3060零碳生物质能发展潜力蓝皮书[EB/OL]. https://wenku.so.com/d/59aaeb236d43088f99bc0aee5c9dcdd5.

中华人民共和国国家质量监督检验检疫总局, 中国国家标准化管理委员会, 2016. 肥料和土壤调理剂 术语: GB/T 6274—2016 [S].

中华人民共和国农业部, 2006. 土壤检测 第1部分: 土壤样品的采集、处理和贮存: NY/T1121.1—2006 [S].

中华人民共和国农业部, 2006. 肥料合理使用准则 氮肥: NY/T 1105—2006 [S].

中华人民共和国农业部, 2010. 肥料合理使用准则 通则: NY/T 496—2010 [S].

朱开伟, 刘贞, 昌指臣, 等, 2015. 中国主要农作物生物质能生态潜力及时空分析[J]. 中国农业科学, 48(21): 4285-4301.

BRIDGHAM S D, CADILLO-QUIROZ H, KELLER J K, et al., 2013. Methane emissions from wetlands: biogeochemical, microbial, and modeling perspectives from local to global scales [J]. Global Change Biol, 19: 1325-1346.

EL-HAWWARY A, BRENZINGER K, LEE H J, et al., 2022. Greenhouse gas (CO_2, CH_4, and N_2O) emissions after abandonment of agriculture [J]. Bio Fert Soils, 58: 579-591.

HARRELL D L, BOND J A, BLANCHE S, 2009. Evaluation of main-crop stubble height on ratoon rice growth and development [J]. Field Crops Res, 114: 396-403.

HUANG J, YU X, ZHANG Z, et al., 2022. Exploration of feasible rice-based crop rotation systems to coordinate productivity, resource use efficiency and carbon footprint in central China [J]. Eur J Agron, 141: 126633.

IPCC, 2004. Good Practice Guidance and Uncertainty Management in National Greenhouse Gas Inventories [EB/OL]. (2000-05-08) [2009-03-26]. https://www.doc88.com/p-698583459040.html.

IPCC, 2006. 2006 IPCC Guidelines for National Greenhouse Gas Inventories [R]. https://www.ipcc.ch/report/2006-ipcc-guidelines-for-national-greenhouse-gas-inventories/.

IPCC, 2013. Summary for policymakers. Climate Change 2013: The Physical Science Basis. Contribution of Working Group I to the Fifth Assessment Report of the Intergovernmental Panel on Climate Change [R]. https://www.ipcc.ch/report/ar5/wg1/.

IPCC, 2019. IPCC 2019 Refinement to the 2006 IPCC Guidelines for National Greenhouse Gas Inventories [R]. https://www.ipcc.ch/report/2019-refinement-to-the-2006-ipcc-guidelines-for-national-greenhouse-gas-inventories/.

IPCC, 2021. Climate Change 2021: The Physical Science Basis. Contribution of Working Group I to the Sixth Assessment Report of the Intergovernmental Panel on Climate Change [R]. https://www.ipcc.ch/report/ar6/wg1/.

IPCC, 2022. Climate Change 2022: Mitigation of Climate Change. Contribution of Working Group III to the Sixth Assessment Report of the Intergovernmental Panel on Climate Change [R]. https://www.ipcc.ch/report/sixth-assessment-report-working-group-3/.

IPCC, 2023. Urgent climate action can secure a liveable future for all [OL]. https://wmo.int/media/news/ipcc-urgent-climate-action-can-secure-liveable-future-all.

KRISTENSEN E, PENHA-LOPES G, DELEFOSSE M, et al., 2012. What is bioturbation? The need for a precise definition for fauna in aquatic sciences [J]. Mar Ecol Prog Ser, 446: 285-302.

LIN J, KHANNA N, LIU X, et al., 2022. Opportunities to tackle short-lived Climate Pollutants and other greenhouse gases for China [J]. Sci Total Environ, 842: 156842.

MA K, LU Y, 2011. Regulation of microbial methane production and oxidation by intermittent drainage in rice field soil [J]. FEMS Microbiol Ecol, 75(3): 446-456.

SHEN X, ZHANG L, ZHANG J, 2020. Ratoon rice production in central China: environmental sustainability and food production [J]. Sci Total Environ, 764: 142850.

SONG K, ZHANG G, YU H, et al., 2021a. Evaluation of methane and nitrous oxide emissions in a three-year case study on single rice and ratoon rice paddy fields [J]. J Clean Prod, 297: 126650.

SONG K, ZHANG G, YU H, et al., 2021b. Methane and nitrous oxide emissions from a ratoon paddy field in Sichuan Province, China [J]. Eur J Soil Sci, 72: 1478-1491.

TENG, F S U X, WANG X, 2019. Can China peak its non-CO_2 GHG emissions before 2030 by implementing its nationally determined contribution [J]. Environ Sci Technol, 53(21): 12168-12176.

XU L, ZHAN X, YU T, et al., 2018. Yield performance of direct-seeded, double-season rice using varieties with short growth durations in central China [J]. Field Crops Res, 227: 49-55.

YANG Q, ZHOU H W, BARTOCCI P, et al., 2021. Prospective contributions of biomass pyrolysis to China's 2050 carbon reduction and renewable energy goals [J]. Nat Commun, 12: 1698.

YUAN S, CASSMAN K G, HUANG J, et al., 2019. Can ratoon cropping improve resource use efficiencies and profitability of rice in central China? [J]. Field Crops Res, 234: 66-72.

YUAN S, LINQUIST B A, WILSON L T, et al., 2021. Sustainable intensification for a larger global rice bowl [J]. Nat Commun, 12: 7163.

ZHENG C, WANG Y, YUAN S, et al., 2022. Heavy soil drying during mid-to-late grain filling stage of the main crop to reduce yield loss of the ratoon crop in a mechanized rice ratooning system [J]. Crop J, 10: 280-285.